土建工程师必备技能系列丛书

钢筋工程识图与算量
（第二版）

赵志刚　郑海锋　主编

中国建筑工业出版社

图书在版编目（CIP）数据

钢筋工程识图与算量/赵志刚，郑海锋主编. —2
版. —北京：中国建筑工业出版社，2019.10（2023.1重印）
（土建工程师必备技能系列丛书）
ISBN 978-7-112-24125-5

Ⅰ.①钢… Ⅱ.①赵… ②郑… Ⅲ.①配筋工程-工
程制图-识图②配筋工程-工程计算 Ⅳ.①TU755.3

中国版本图书馆 CIP 数据核字（2019）第 179901 号

　　本书采用图文并茂的方式对钢筋工程识图与算量进行讲解，共分 5 章，分别
是：平法图集及算量原理介绍；梁钢筋识图与算量；柱钢筋识图与算量；墙钢筋
识图与算量；板钢筋识图与算量。
　　本书选取了施工过程中常用的、重要的构件作为案例来讲解，有助于快速培
养读者的实践能力，可供广大工程技术人员、造价人员学习，也可作为大中专学
校、高职高专学校相关专业的教学参考用书。

责任编辑：王华月　张　磊
责任校对：张惠雯　张　颖

土建工程师必备技能系列丛书
钢筋工程识图与算量（第二版）
赵志刚　郑海锋　主编

*

中国建筑工业出版社出版、发行（北京海淀三里河路 9 号）
各地新华书店、建筑书店经销
霸州市顺浩图文科技发展有限公司制版
北京建筑工业印刷厂印刷

*

开本：787×1092 毫米　1/16　印张：8½　字数：202 千字
2019 年 9 月第二版　　2023 年 1 月第五次印刷
定价：**30.00** 元
ISBN 978-7-112-24125-5
（34585）

本书编委会

主　　编：赵志刚　郑海锋

副 主 编：徐　震　陆总兵　何顺钦　薛　俞

参编人员：熊　玮　匡　毅　张先华　邵燕军　杨建夺　张亚狄

　　　　　曹　勇　张先明　蒋贤龙　刘宏展　宋　扬　孙国洋

　　　　　温丽军　刘春佳　张志江　张先明　王　彬　何吉力

　　　　　严冬水　高　军　王　建　方　园　朱　健　王海龙

　　　　　王瑞飞　邓　毅　罗自君　赵永涛　洪　旺

前　言

　　土建工程师必备技能系列丛书自出版以来深受广大建筑业从业人员喜爱。本次修订在原版基础上删除了一部分理论知识，增加了一部分与建筑施工发展有关的新内容，书籍更加贴近施工现场，更加符合施工实战。能更好的为高职高专、大中专土木工程类及相关专业学生和土木工程技术与管理人员服务。

　　此书具有如下特点：

　　1. 图文并茂，通俗易懂。书籍在编写过程中，以文字介绍为辅，以大量的施工实例图片或施工图纸截图为主，系统地对钢筋识图与算量进行详细地介绍和说明，文字内容和施工实例图片直观明了、通俗易懂；

　　2. 紧密结合现行建筑行业规范、标准及图集进行编写，编写重点突出，内容贴近实际施工需要，是施工从业人员不可多得的施工作业手册；

　　3. 通过对本书的学习和掌握，即可独立进行房建工程钢筋识图与算量工作，做到真正的现学现用，体现本书所倡导的培养建筑应用型人才的理念。

　　4. 本次修订编辑团队更加强大，主编及副主编人员全部为知名企业高层领导，施工实战经验非常丰富，理论知识特别扎实。

　　本书由赵志刚担任主编，由浙江省二建建设集团有限公司郑海锋担任第二主编；由山西三建集团有限公司徐震、南通新华建筑集团有限公司陆总兵、浙江稠城建筑工程有限公司何顺钦、华润建筑有限公司薛俞担任副主编。本书编写过程中难免有不妥之处，欢迎广大读者批评指正，意见及建议可发送至邮箱 bwhzj1990@163.com

编者　2019 年 11 月

目　　录

第1章 平法图集及算量原理介绍

1.1 平法基础知识

1.1.1 什么是平法

建筑结构施工图平面整体设计方法（简称平法）表达形式，概括来讲，是把结构构件的尺寸和配筋等，按照平面整体表示方法制图规则，整体直接表达在各类构件的结构平面布置图上，再与标准构造详图相配合，即构成一套新型完整的结构设计。

混凝土结构施工图平面表示方法是 1995 年由山东大学陈青来教授提出和创编的，并通过了建设部科技成果鉴定，被国家科委列为"九五"国家科技成果重点推广计划项目，也是国家重点推广的科技成果。由中国建筑标准设计研究院编制的《混凝土结构施工图平面整体表示方法制图规则和构造详图》系列图集（即 G101 平法图集）是国家建设标准设计图集，自 2003 年开始平法在全国推广应用于结构设计、施工、监理等各个领域。

1.1.2 平法的特点

（1）平法采用标准化的设计制图规则，表达数字化、符号化，单张图纸的信息量大且集中。

（2）构件分类明确、层次清晰、表达准确，设计速度快，效率成倍提高。

（3）平法使设计者易掌握全局，易进行平衡调整，易修改，易校审，改图可不牵连其他构件，易控制设计质量。

（4）平法大幅度节约设计成本，与传统方法相比图纸量减少 70% 左右，综合设计工日减少 2/3 以上。

（5）平法施工图更便于施工管理，传统施工图在施工中逐层验收梁等构件的钢筋时需反复查阅大宗图纸，现在只要一张图就包括了一层梁等构件的全部数据。

平法施工图的表达方式主要有平面注写方式、列表注写方式和截面注写方式三种。平法的各种表达方式，基本遵循同一性的注写顺序，即：

1）构件的编号及整体特征；

2）构件的截面尺寸；

3）构件的配筋信息；

4）构件标高及其他必要的说明（图 1-1）。

1.1.3 平法的现状

2016 年 9 月由中国建筑标准设计研究院编制的《混凝土结构施工图平面表示方法制图规则和构造详图》16G101-1、16G101-2、16G101-3 系列图集替代了原 11G101-1、11G101-2、

剪力墙梁表

编号	所在楼层号	梁顶相对标高高差	梁截面 $b \times h$	上部纵筋	下部纵筋	箍筋
LL1	2-9	0.800	300×2000	4Φ22	4Φ22	Φ10@100(2)
	10-16	0.800	250×2000	4Φ20	4Φ20	Φ10@100(2)
	屋面1		250×1200	4Φ20	4Φ20	Φ10@100(2)
LL2	3	-1.200	300×2520	4Φ22	4Φ22	Φ10@150(2)
	4	-0.900	300×2070	4Φ22	4Φ22	Φ10@150(2)
	5-9	-0.900	300×1770	4Φ22	4Φ22	Φ10@150(2)
	10-屋面1	-0.900	250×1770	3Φ22	3Φ22	Φ10@150(2)
LL3	3		300×2070	4Φ22	4Φ22	Φ10@100(2)
	4		300×1770	4Φ22	4Φ22	Φ10@100(2)
	4-9		300×1770	4Φ22	4Φ22	Φ10@100(2)
	10-屋面1		250×1770	3Φ22	3Φ22	Φ10@120(2)
LL4	2		250×2070	3Φ20	3Φ20	Φ10@120(2)
	3		250×1170	3Φ18	3Φ18	Φ10@120(2)
	4-屋面1		250×1170	3Φ20	3Φ20	Φ10@100(2)
AL1	2-9		300×600	3Φ20	3Φ20	Φ8@150(2)
	10-16		250×500	3Φ18	3Φ18	Φ8@150(2)
BKL1	屋面1		500×750	4Φ22	4Φ22	Φ10@150(2)

剪力墙身表

编号	标高	墙厚	水平分布筋	垂直分布筋	拉筋
Q1	-0.030~30.270	300	Φ12@200	Φ12@200	Φ6@600@600
	30.270~59.070	250	Φ10@200	Φ10@200	Φ6@600@600
Q2	-0.030~30.270	250	Φ10@200	Φ10@200	Φ6@600@600
	30.270~59.070	200	Φ10@200	Φ10@200	Φ6@600@600

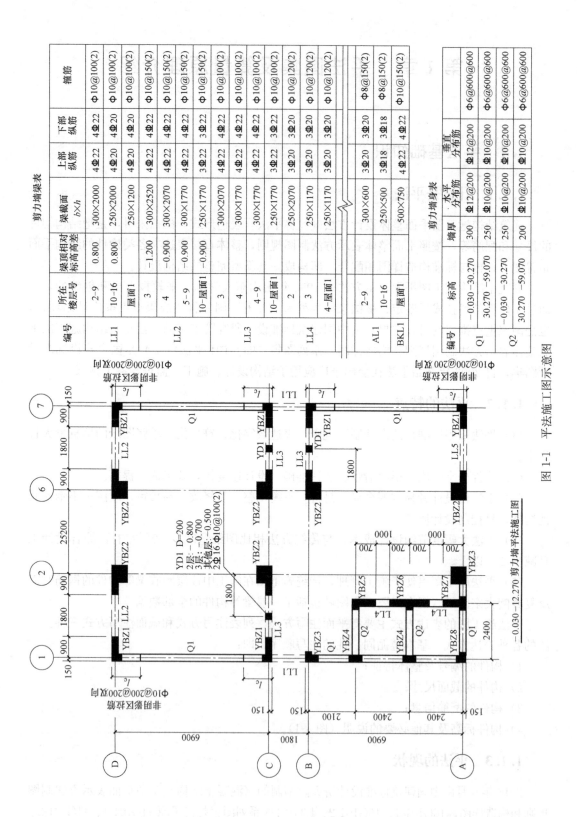

图1-1 平法施工图示意图

11G101-3 系列图集。

11G101 系列图集是指《混凝土结构施工图平面整体表示方法制图规则和构造详图》包括：

11G101-1 现浇混凝土框架、剪力墙、梁、板；

11G101-2 现浇混凝土板式楼梯；

11G101-3 独立基础、条形基础、筏形基础及桩承台。

1.1.4　平法的基本原理

"平法"视全部设计过程与施工过程为一个完整的主系统，主系统由多个子系统构成：基础结构、柱墙结构、梁结构、板结构，各子系统有明确的层次性、关联性和相对完整性。

1）层次性：基础→柱、墙→梁→板，均为完整的子系统；

2）关联性：柱、墙以基础为支座→柱、墙与基础关联；梁以柱为支座→梁与柱关联；板以梁为支座→板与梁关联；

3）相对完整性：基础自成体系，柱、墙自成体系，梁自成体系，板自成体系。

1.1.5　平法的应用原理

1）将结构设计分为"创造性设计"内容与"重复性"（非创造性）设计内容两部分，两部分为对应互补关系，合并构成完整的结构设计；

2）设计工程师以数字化、符号化的平面整体设计制图规则完成其创造性设计内容部分；

3）重复性设计内容部分：主要是节点构造和杆件构造以《广义标准化》方式编制成国家建筑标准构造设计。正是由于"平法"设计的图纸拥有这样的特性，因此我们在计算钢筋工程量时首先结合"平法"的基本原理准确理解数字化、符号化的内容，才能正确地计算钢筋工程量。

1.2　钢筋计算的基础知识

良好的识图能力要求能迅速建立起构件及建筑物的空间印象，能通过多张图纸迅速查找需要的数据，能发现图纸中的矛盾及错误，能在脑海中勾勒出每个细部的构造等。结构施工图的表示方法，从传统的分离式到华南地区的梁、柱表，再发展到现在的平法，表示方法多样，且设计院出图也有一些习惯的表示方法。良好的布筋、排筋能力，钢筋工程量的计算需要了解钢筋在具体的构件内是如何布置的，如起步筋的设置；如砌体加筋还不只是简单地按间距计算，还需要实际排筋。了解钢筋施工过程，钢筋工程量计算必须要了解钢筋在实际施工中的各种处理，及各种构造配筋、附加钢筋，如垫筋、板凳筋，各种孔洞加筋等（图 1-2）。

深入理解相关规范、图集，钢筋工程量的计算不同于其他工程量计算有明确的计算规则，钢筋计算只有规范及图集，因而必须对规范有相当透彻的理解。而在实际各方核对钢筋数据的过程中，常发生争议的现象，这大多是因为对规范的理解不同所致。在理解规范

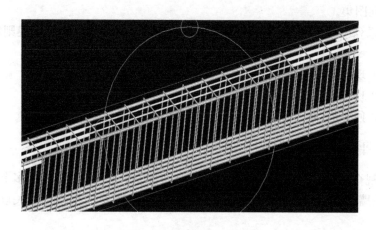

图 1-2　钢筋排布示意图

的过程中，要结合对结构、力学的知识及对钢筋施工过程的了解。对规范的规定需要反复推敲，比如规范规定框架梁与非框架的钢筋锚固长度是不同的，那什么是框架梁，什么又是非框架梁呢？钢筋工程量的计算必须耐心细致，不得有半点马虎。而且出现错误以后，修改比较繁琐（图 1-3）。

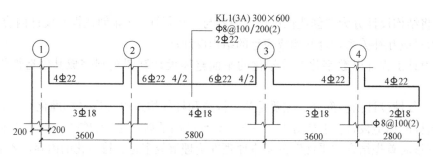

图 1-3　梁平法表示图（C25 混凝土，3 级抗震）

钢筋的计算过程是：从结构平面图的钢筋标注出发，根据结构的特点和钢筋所在的部位，计算钢筋的长度和根数，最后得到钢筋的重量。

钢筋计算还会用在钢筋下料长度的计算，根据平法施工图计算出每根钢筋的形状和细部尺寸，还要考虑钢筋制作时的弯曲伸长率，这是钢筋工和钢筋下料人员所需要的。对于单根钢筋来说，预算长度和下料长度是不同的，预算长度是按钢筋的外皮计算，下料长度是按照钢筋的中轴线计算。钢筋计算的前提是正确的认识和理解平法施工图，掌握平法的规则和节点构造，这也是作为施工人员和监理人员所必须具备的技能。

在钢筋计算时，需要了解的基本知识包括以下几个方面：

1. 保护层

混凝土保护层是指从钢筋的外边缘至构件外表面之间的距离。最小保护层厚应符合设计图纸的要求。

纵向受力的普通钢筋及预应力钢筋，其混凝土保护层厚度，不应小于受力钢筋直径，如图1-4所示。

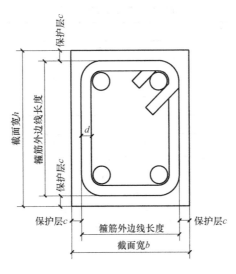

图 1-4 钢筋保护层示意图

影响保护层厚度的四大因素是环境类别、构件类型、混凝土强度等级、结构设计年限。

环境类别的确定如表 1-1 所示，不同环境类别混凝土保护层的最小厚度取值如表 1-2 所示。

混凝土结构环境类别表   表 1-1

环境类别	条 件
一	室内干燥环境； 无侵蚀性静水浸没环境
二 a	室内潮湿环境； 非严寒和非寒冷地区的露天环境； 非严寒和非寒冷地区与无侵蚀性的水或土壤直接接触的环境； 严寒和寒冷地区的冰冻线以下与无侵蚀性的水或土壤直接接触的环境
二 b	干湿交替环境； 水位频繁变动环境； 严寒和寒冷地区的露天环境； 严寒和寒冷地区的冰冻线以上与无侵蚀性的水或土壤直接接触的环境
三 a	严寒和寒冷地区冬季水位变动区环境； 受除冰盐影响环境； 海风环境
三 b	盐渍土环境； 受除冰盐作用环境； 海岸环境
四	海水环境
五	受人为或自然的侵蚀性物质影响的环境

混凝土保护层的最小厚度 表 1-2

环境类别	板、墙（mm）	梁、柱（mm）
一	15	20
二 a	20	25
二 b	25	35
三 a	30	40
三 b	40	50

注：1. 表中混凝土保护层厚度指最外层钢筋至混凝土表面的距离，适用于设计使用年限为 50 年的混凝土结构。
　　2. 构件中受力钢筋的保护层厚度不应小于钢筋的公称直径。
　　3. 设计使用年限为 100 年的混凝土结构，一类环境中，最外层钢筋的保护层厚度不应小于表中数值的 1.4 倍，二、三类环境中，应采取专门的有效措施。
　　4. 混凝土强度等级不大于 C25 时，表中保护层厚度数值应增加 5。
　　5. 基础底面钢筋的保护层厚度，有混凝土垫层时应从垫层顶面算起，且不应小于 40mm。

2. 钢筋弯钩

（1）含义

钢筋弯钩增加长度是指为增加钢筋和混凝土的握裹力，在钢筋端部做弯钩时，弯钩相对于钢筋平直部分外包尺寸增加的长度。

（2）弯钩形式

弯钩弯曲的角度常有 90°、135° 和 180° 三种（图 1-5）。一般地，Ⅰ 级钢筋端部按带 180° 弯钩考虑，若无特别的图示说明，Ⅱ 级钢筋端部按不带弯钩考虑。

钢筋钩头弯后平直部分的长度，一般为钢筋直径的 3 倍。

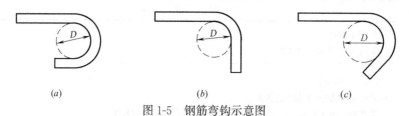

图 1-5 钢筋弯钩示意图

（a）Ⅰ 级钢筋末端 180° 弯钩；（b）Ⅱ、Ⅲ 级钢筋末端 90° 弯钩；（c）Ⅱ、Ⅲ 级钢筋末端 135° 弯钩

（3）钢筋的弯钩形式

钢筋的弯钩形式有三种：钢半圆弯钩、直弯钩及斜弯钩。半圆弯钩是最常用的一种弯钩，如图 1-6 所示。

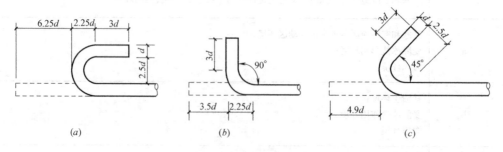

图 1-6 钢筋弯钩形式

（a）半圆弯钩；（b）直弯钩；（c）斜弯钩

直弯钩只用在柱钢筋的下部、箍筋和附加钢筋中。斜弯钩只用在直径较小的钢筋中。根据规范要求，绑扎骨架中的受力钢筋，应在末端做弯钩。钢筋弯钩增加长度（其中平直部分为 x）的计算值见表 1-3 所列。

钢筋弯钩增加长度　　　　　　　　　　　　　　　表 1-3

弯钩角度		180°	90°	135°
增加长度	Ⅰ级钢筋	6.25d	3.5d	4.9d
	Ⅱ级钢筋	—	x+0.9d	x+2.9d
	Ⅲ级钢筋	—	x+1.2d	x+3.6d

（4）箍筋弯钩增加长度计算

箍筋弯钩平直部分的长度非抗震结构为箍筋直径的 5 倍；有抗震要求的结构为箍筋直径的 10 倍，且不小于 75mm。箍筋弯钩增加长度见表 1-4 所列。

箍筋弯钩增加长度（Ⅰ级钢筋）　　　　　　　　　表 1-4

结构有抗震要求			结构无抗震要求		
180°弯钩	135°弯钩	90°弯钩	180°弯钩	135°弯钩	90°弯钩
13.25d	11.90d	10.50d	8.25d	6.90d	5.50d

注：由于一般结构均抗震，箍筋弯钩形式多为 135°，135°即为箍筋弯钩的一般默认形式，如图 1-7 所示。

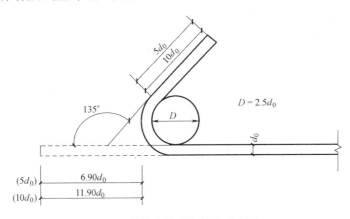

图 1-7　箍筋弯钩增加长度示意图

直钢筋端部弯钩增加量：

直钢筋端部 180°弯钩增加量 6.25d。

直钢筋端部 90°弯钩增加量 $L+3.5d$（L 为弯折平直段长度）。

直钢筋端部 135°弯钩增加量 7.89d。

箍筋端部弯钩增加量：

箍筋端部 180°弯钩（S 形单支箍用）增加量 8.25d。

箍筋端部 135°弯钩增加量 12.89d。

箍筋端部 90°弯钩增加量 6.21d。

3. 钢筋的搭接长度

钢筋的搭接长度是钢筋计算中的一个重要参数，16G101-1 图集对搭接长度的规定见表 1-5 所列。

纵向受拉钢筋搭接长度 l_l

表 1-5

钢筋种类及同一区段内搭接钢筋面积百分率		C20	C25		C30		C35		C40		C45		C50		C55		C60	
		$d\leqslant25$	$d\leqslant25$	$d>25$	$d\leqslant25$	$d>25$	$d\leqslant25$	$d>25$	$d\leqslant25$	$d>25$	$d\leqslant25$	$d>25$	$d\leqslant25$	$d>25$	$d\leqslant25$	$d>25$	$d\leqslant25$	$d>25$
HPB300	≤25%	47d	41d	—	36d	—	34d	—	30d	—	29d	—	28d	—	26d	—	25d	—
	50%	55d	48d	—	42d	—	39d	—	35d	—	34d	—	32d	—	31d	—	29d	—
	100%	62d	54d	—	48d	—	45d	—	40d	—	38d	—	37d	—	35d	—	34d	—
HRB335 HRBF335	≤25%	46d	40d	—	35d	—	32d	—	30d	—	28d	—	26d	—	25d	—	25d	—
	50%	53d	46d	—	41d	—	38d	—	35d	—	32d	—	31d	—	29d	—	29d	—
	100%	61d	53d	—	46d	—	43d	—	40d	—	37d	—	35d	—	34d	—	34d	—
HRB400 HRBF400 RRB400	≤25%	—	48d	53d	42d	47d	38d	42d	35d	38d	34d	37d	32d	36d	31d	35d	30d	34d
	50%	—	56d	62d	49d	55d	45d	49d	41d	45d	39d	43d	38d	42d	36d	41d	35d	39d
	100%	—	64d	70d	56d	62d	51d	56d	46d	51d	45d	50d	43d	48d	42d	46d	40d	45d
HRB500 HRBF500	≤25%	—	58d	64d	52d	56d	47d	52d	43d	48d	41d	44d	38d	42d	37d	41d	36d	40d
	50%	—	67d	74d	60d	66d	55d	60d	50d	56d	48d	52d	45d	49d	43d	48d	42d	46d
	100%	—	77d	85d	69d	75d	62d	69d	58d	64d	54d	59d	51d	56d	50d	54d	48d	53d

混凝土强度等级

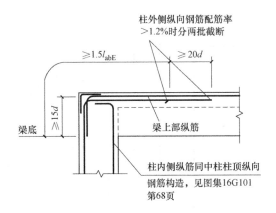

图 1-8 钢筋锚固长度

4. 钢筋的锚固

钢筋与混凝土之间能够可靠地结合，实现共同工作的材料特点，且它们之间存在粘结力。很显然，钢筋深入混凝土的长度越长，粘结效果越好。钢筋的锚固长度是指钢筋深入支座内的长度。其目的是防止钢筋被拔出。

钢筋锚固长度是指纵向钢筋伸入混凝土支座（墙、柱、梁）内的长度，如图 1-8 所示。

为了使钢筋与混凝土共同受力，使钢筋不被从混凝土中拔出来，除了要在钢筋的末端弯钩外，还需要把钢筋深入支座处，其伸入支座的长度除了满足设计要求外，还要不小于钢筋的基本锚固长度，在 16G101-1 图第 57 页对受拉钢筋基本锚固长度作了规定，见表 1-6、表 1-7 所列。

16G101 图集中关于锚固长度可以通过 16G101 图集直接查询，详见 16G101-1 图集 58 页。

16G101 系列图集规定 l_a 在任何情况下均应不小于 200mm。

钢筋的锚固长度一般指梁、板、柱等构件的受力钢筋伸入支座或基础中的长度，包括直条和弯曲部分。根据《混凝土结构设计规范》GB 50010—2010 的规定：当计算中充分利用钢筋的抗拉强度时，受拉钢筋按下列公式计算锚固的长度：

$$L_a = a \times (f_1/f_2) \times d$$

式中 f_1——钢筋的抗拉设计强度；

f_2——混凝土的抗拉设计强度（当混凝土强度等于或超过 C40 时，按 C40 取值）；

a——钢筋的外形系数光圆钢筋 $a=0.16$，带肋钢筋 $a=0.14$（其他型号不再说明）；

d——钢筋公称直径。

另外规定，当 HRB335 级和 HRB400 级钢筋其直径大于 25mm 时，锚固长度应乘 1.1 的修正系数。在地震区还要根据抗震等级再乘一个系数，抗震等级一、二级时，系数取 1.15；三级时系数取 1.05；四级时取 1.0。

5. 钢筋的连接

在施工过程中，当构件的钢筋不够长时（钢筋出厂长度一般是 9m 或 12m），需要对钢筋进行连接。钢筋的主要连接方式有三种：绑扎连接、机械连接和焊接。为了保证钢筋受力可靠，对钢筋连接接头范围和接头加工质量有如下规定：

受拉钢筋锚固长度 l_a

表1-6

钢筋种类	混凝土强度等级																
	C20	C25		C30		C35		C40		C45		C50		C55		≥C60	
	d≤25	d≤25	d>25	d≤25	d>25	d≤25	d>25	d≤25	d>25	d≤25	d>25	d≤25	d>25	d≤25	d>25	d≤25	d>25
HPB300	39d	34d	—	30d	—	28d	—	25d	—	24d	—	23d	—	22d	—	21d	—
HRB335、HRBF335	38d	33d	—	29d	—	27d	—	25d	—	23d	—	22d	—	21d	—	21d	—
HRB400、HRBF400、RRB400	—	40d	44d	35d	39d	32d	35d	29d	32d	28d	31d	27d	30d	26d	29d	25d	28d
HRB500、HRBF500	—	48d	53d	43d	47d	39d	43d	36d	40d	34d	37d	32d	35d	31d	34d	30d	33d

受拉钢筋抗震锚固长度 l_{aE}

表1-7

钢筋种类及抗震等级		混凝土强度等级																
		C20	C25		C30		C35		C40		C45		C50		C55		≥C60	
		d≤25	d≤25	d>25	d≤25	d>25	d≤25	d>25	d≤25	d>25	d≤25	d>25	d≤25	d>25	d≤25	d>25	d≤25	d>25
HPB300	一、二级	45d	39d	—	35d	—	32d	—	29d	—	28d	—	26d	—	25d	—	24d	—
	三级	41d	36d	—	32d	—	29d	—	26d	—	25d	—	24d	—	23d	—	22d	—
HRB335、HRBF335	一、二级	44d	38d	—	33d	—	31d	—	29d	—	26d	—	25d	—	24d	—	24d	—
	三级	40d	35d	—	30d	—	28d	—	26d	—	24d	—	23d	—	22d	—	22d	—
HRB400、HRBF400	一、二级	—	46d	51d	40d	45d	37d	40d	33d	37d	32d	36d	31d	35d	30d	33d	29d	32d
	三级	—	42d	46d	37d	41d	34d	37d	30d	34d	29d	33d	28d	32d	27d	30d	26d	29d
HRB500、HRBF500	一、二级	—	55d	61d	49d	54d	45d	49d	41d	46d	39d	43d	37d	40d	36d	39d	35d	38d
	三级	—	50d	56d	45d	49d	41d	45d	38d	42d	36d	39d	34d	37d	33d	36d	32d	35d

（1）当受拉钢筋直径＞25mm 及受压钢筋直径＞28mm 时，不宜采用绑扎搭接。

（2）轴心受拉及小偏心受拉构件中纵向受力钢筋不应采用绑扎搭接。

（3）纵向受力钢筋连接位置宜避开梁端、柱端加密区。如必须在此连接时，应采用机械连接或焊接，如图1-9所示。

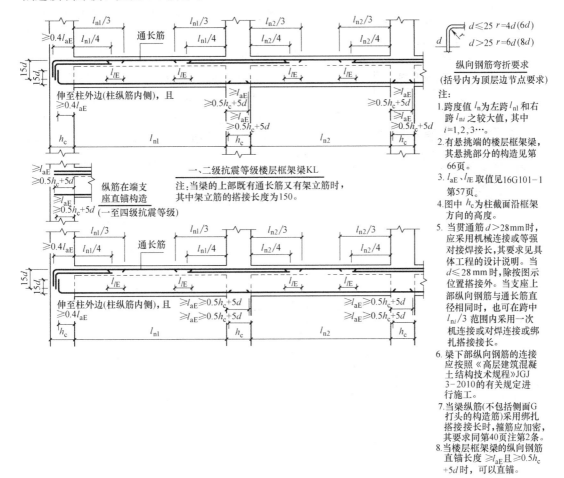

图1-9 纵向受拉钢筋接头

6. 钢筋的重量

在钢筋工程量的计算中，最终是要计算钢筋的总重量的，当算出钢筋的长度后，再乘以每米钢筋重量就可以得出钢筋总重量。钢筋每米重量见表1-8所列。

钢筋每米重量表　　　　　　　　　　　　　　　　　　　　表1-8

钢筋直径(mm)	钢筋每米重量(kg)	钢筋直径(mm)	钢筋每米重量(kg)
6	0.222	16	1.578
6.5	0.26	18	1.998
8	0.385	20	2.466
10	0.617	22	2.98
12	0.888	25	3.85
14	1.21		

1.3 钢筋施工常见问题

（1）何谓架立筋？

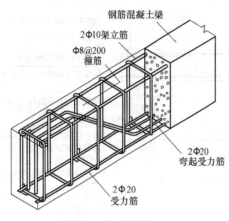

钢筋混凝土梁
2Φ10架立筋
Φ8@200 箍筋
2Φ20 弯起受力筋
2Φ20 受力筋

图 1-10 架立筋构造示意图

答：架立筋是指梁内起架立作用的钢筋，从字面上理解即可。架立筋主要功能是当梁上部纵筋的根数少于箍筋上部的转角数目时使箍筋的角部有支承。所以架立筋就是将箍筋架立起来的纵向构造钢筋，如图 1-10 所示。

现行《混凝土结构设计规范》GB 50010—2010 规定：梁内架立钢筋的直径，当梁的跨度小于 4m 时，不宜小于 8mm；当梁的跨度为 4～6m 时，不宜小于 10mm；当梁的跨度大于 6m 时，不宜小于 12mm。平法制图规则规定：架立筋注写在括号，当有通长筋时候，在注写通常筋后面时候，与通常筋之间用"＋"连接，以

示与受力筋的区别，如图 1-11 所示。

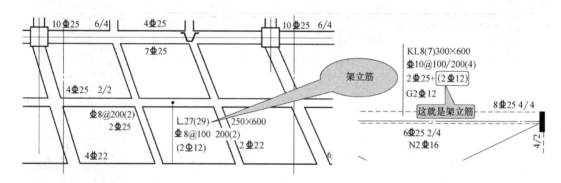

图 1-11 架立筋标注示意图

（2）剪力墙的水平钢筋在外面？还是竖向分布筋在外面？地下室呢？

答：剪力墙主要承担平行于墙面的水平荷载和竖向荷载作用，对平面外的作用抗力有限。由此分析剪力墙的水平分布筋在竖向分布筋的外侧和内侧都是可以的。因此"比较方便的钢筋施工位置"（由外到内）是：第一层是剪力墙水平钢筋；第二层是剪力墙的竖向钢筋和暗梁的箍筋（同层）；第三层是暗梁的水平钢筋。剪力墙的竖向钢筋直钩位置在屋面板的上部，如图 1-12、图 1-13 所示。

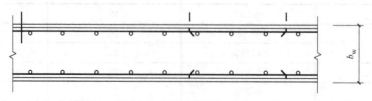

图 1-12 剪力墙钢筋分布示意图

地下室外墙竖向钢筋通长放在外侧，但内墙不必。

（3）剪力墙水平筋用不用伸至暗柱柱边（在水平方向暗柱长度远大于 l_{aE} 时）？

答：要伸至柱对边，其构造在 16G101-1 中已表达清楚，其原理就是剪力墙暗柱与墙本身是一个共同工作的整体，不是几个构件的连接组合，暗柱不是柱，它是剪力墙的竖向加强带；暗柱与墙等厚，其刚度与墙一致。不能套用梁与柱不同构件的连接概念。剪力墙遇暗柱是收边而不是锚固，如图 1-14 所示。

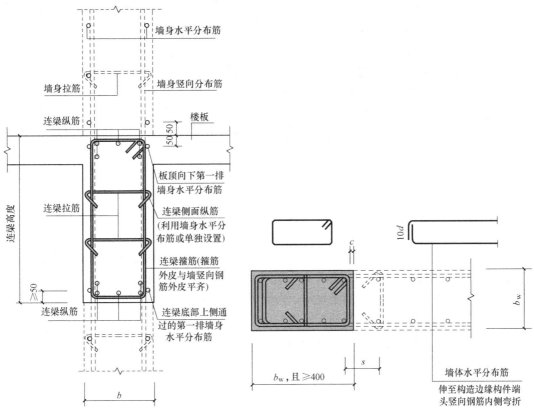

图 1-13　剪力墙分布筋与拉筋关系图　　图 1-14　构造边缘暗柱构造

端柱的情况略有不同，规范规定端柱截面尺寸需大于 2 倍的墙厚，刚度发生明显变化，可认为已经成为墙边缘构件的竖向钢边。如果端柱的尺寸不小于同层框架柱的尺寸，可以按锚固考虑，如图 1-15 所示。

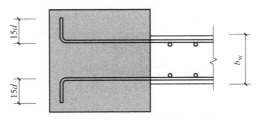

图 1-15　端柱锚固构造

（4）阳台栏板竖向钢筋应放在外侧还是内侧？

答：内侧，否则人一推，可能连人加栏板都翻出去。

（5）剪力墙结构中，顶层暗柱和连梁纵筋收头时应该是梁筋包柱筋还是柱筋包梁筋？

答：柱筋包梁筋，如图 1-16 所示。

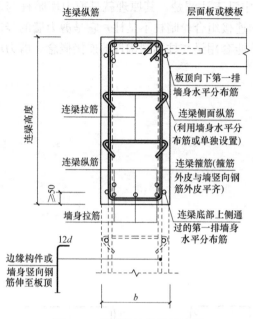

图 1-16　顶层边墙位置的连梁

（6）不同植筋的钢筋搭接长度和搭接区段配箍筋应按哪个直径计算？

答：不同直径钢筋搭接连接时，接头所需要传递的力取决于较小直径钢筋的承载力。因此，应按较细钢筋的植筋计算搭接长度。

搭接区段箍筋制约搭接钢筋因传力而引起的分离趋势，因此按偏于安全的原则，取箍筋直径为不小于较粗植筋钢筋的 $d/4$，而箍筋间距则相反，按偏于安全的原则应取较小值，按较细钢筋的直径计算配箍间距（$5d$ 或 $10d$）。

（7）当梁底（或顶）设计为二排钢筋，一、二排钢筋的允许最大间距是多少？

答：二排筋与一排筋越接近，二者合力中心的位置越高，所产生的抗力越大。但二者有最小间距要求，以保证混凝土对两排筋均实现可靠粘结。设计时梁的有效高度也是按以上原则考虑的。因此，两排筋通常只有最小净距要求，而无最大间距规定，当然可以这样理解，最小净距即为最大间距。

（8）当转角墙的内侧水平筋伸至对边 $\geqslant l_{\mathrm{aE}}$，是否可以不加 $15d$ 弯钩？

答：要加 $15d$ 弯钩。水平筋受剪而非受弯，其端部不完全是锚固的概念，更重要的是实现墙体转折部位的整体可靠性，如图 1-17 所示。

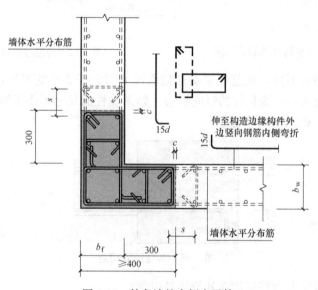

图 1-17　轮角墙的内侧水平筋

第 2 章 梁钢筋识图与算量

2.1 梁钢筋识图

梁的标注方式分为平面标注方式和截面标注方式两种。平面标注方式是在梁平面图上，分别在不同编号的梁中各选一根梁，用在其上标注截面尺寸和配筋具体数值的方式来表达梁平法施工图。

平面标注包括集中标注和原位标注（图 2-1），集中标注表达梁的通用数值，原位标注表达梁的特殊数值。当集中标注中某项数值不适用于梁的某部位时，则将该项具体数值原位标注。施工时，原位标注取值优先（图 2-2）。

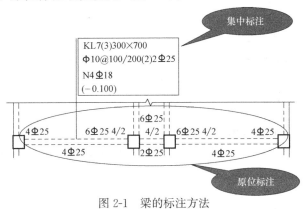

图 2-1 梁的标注方法

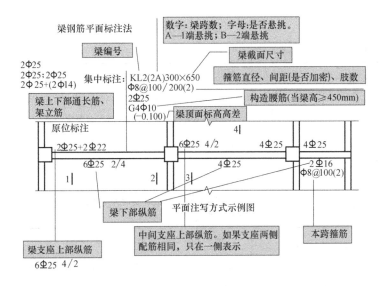

图 2-2 梁钢筋标注

梁构件的分类如图 2-3 所示。

梁平法标注内容如图 2-4 所示。

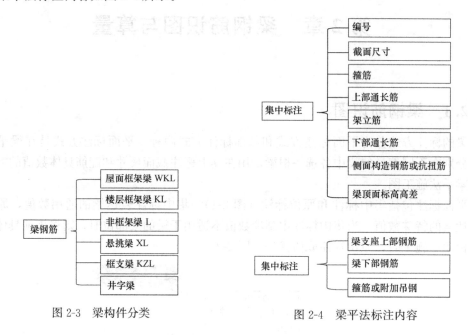

图 2-3　梁构件分类　　　　　　图 2-4　梁平法标注内容

2.1.1　集中标注

集中标注表达的梁通用数值包括梁编号、梁截面尺寸、梁箍筋、上部通长筋、梁侧面构造筋（或受扭钢筋）和标高六项，梁集中标注的内容前五项为必注值，后一项为选注值，规定如下：

（1）梁编号

在表 2-1 中列出了梁的各种类型的代号，同时给出了各种梁的特征。特别需要掌握关于是否带有悬挑的标注规则。

梁编号及类型　　　　　　　　　　　　　　　　表 2-1

梁类型	代号	序号	跨数	特　　征
楼层框架梁	KL	**	(**)、(**A)或(**B)	框架梁就是由柱支撑的梁，用来承重的结构，由梁来承受荷载，并将荷载传递到柱子上；楼层框架梁一般是指非顶层的框架梁
屋面框架梁	WKL	**	(**)、(**A)或(**B)	一般是顶层的框架梁，按抗震等级分为一、二、三、四级抗震及非抗震
框支梁	KZL	**	(**)、(**A)或(**B)	框支剪力墙结构通过在某些楼层的剪力墙上开洞获得需要的大空间，上部楼层的部分剪力墙不能直接连续贯通落地，需要设置结构转换构件，其中的转换梁就是框支梁
非框架梁	L	**	(**)、(**A)或(**B)	一般是以框架梁或框支梁为支座的梁，没有抗震等级要求，按非抗震等级构造要求配筋
悬挑梁	XL	**		一端有支座，一端悬空的梁称为悬挑梁
井字梁	JZL	**	(**)、(**A)或(**B)	由同一平面内相互正交或斜交的梁所组成的结构构件

注：(**A) 为一端有悬挑，(**B) 为两端有悬挑，悬挑不计入跨数。

表 2-1 中介绍了各种梁的特征，下面我们以三维图形展示各种梁的形态特征，如图 2-5～图 2-7 所示。

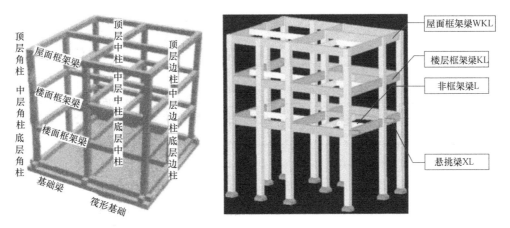

图 2-5　框架梁分布示意图

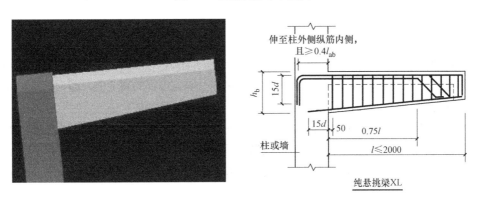

图 2-6　悬挑梁示意图

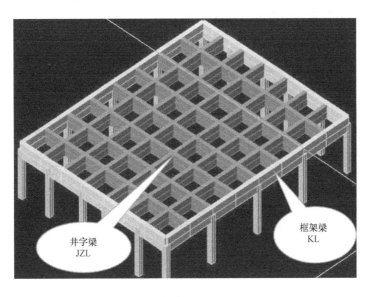

图 2-7　井字梁示意图

（2）梁截面尺寸

当为等截面梁时，截面尺寸用 $b \times h$ 标示，b 为梁宽，h 为梁高，如图 2-8 所示。

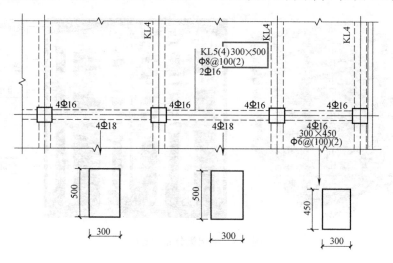

图 2-8　梁钢筋标注

当为竖向加腋梁时，截面尺寸 $b \times h$ 用 $GYc_1 \times c_2$ 表示，其中 c_1 为腋长，c_2 为腋高。当有悬挑梁且根部和端部的高度不同时，用斜线分隔与端部的高度值，即为 $b \times h_1/h_2$。

（3）梁箍筋

梁箍筋构造如图 2-9 所示，标注时包括钢筋级别、直径、加密区与非加密区间距及肢数。箍筋加密区与非加密区的不同间距及肢数用斜线"/"分隔；当箍筋为同一间距及肢数时，则不需用斜线；当加密区与非加密区的箍筋肢数相同时，则将肢数标注一次；箍筋肢数写在括号内。

如图 2-9 所示，$\phi8@100/200$（4）表示箍筋直径为 8mm 的 HRB300 级钢筋，加密区间距为 100mm，非加密区间距为 200mm，四肢箍。

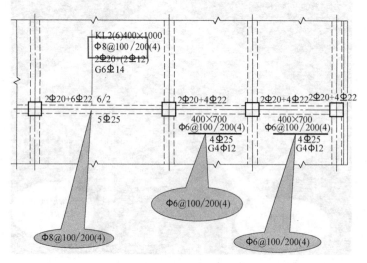

图 2-9　梁箍筋标注

（4）梁上部通长筋或架立筋配置

通长筋指直径不一定相同但必须采用搭接、焊接或机械连接接长且两端不一定在端支座锚固的钢筋。架立筋是指梁内起架立作用的钢筋，用来固定箍筋和形成钢筋骨架。当同排纵筋中既有通长筋又有架立筋时，用"＋"将通长筋和架立筋相连。标注时将角部纵筋写在加号的前面，架立筋写在加号后面的括号内，以示不同直径及与通长筋的区别。当全部采用架立筋时，则将其写入括号内。

当梁的上部钢筋和下部钢筋为全跨相同，且多数跨配筋相同时，此项可加注下部纵筋的配筋值，用分号"；"将上部与下部纵筋的配筋值分开，少数跨不同者，按照 16G101-1 图集中第 4.2.1 条的规则处理。

例：3Φ22；3Φ20 表示梁的上部配置 3Φ22 的通长筋，梁的下部配置 3Φ20 的通长筋。

（5）梁侧面纵向构造钢筋或受扭钢筋配置

当梁腹板高度≥450mm 时，需配置纵向构造钢筋，此项标注值以大写字母 G 打头，标注值是梁两个侧面的总配筋值，是对称配置的，如图 2-10、图 2-11 所示。

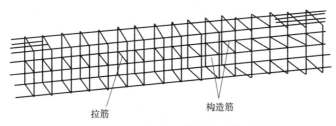

图 2-10　梁侧面抗扭腰筋构造三维示意图

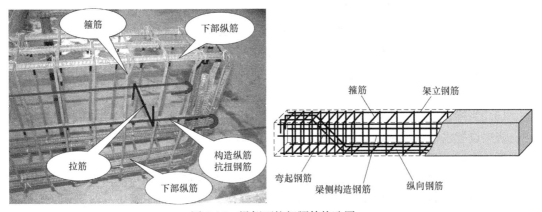

图 2-11　梁侧面抗扭腰筋构造图

（6）梁顶面标高高差

梁顶面标高高差指梁顶面相对于结构层楼面标高的高差值，有高差时，将其写入括号内。当某梁的顶面高于所在结构层的楼面标高时，其标高高差为正值，反之为负值。

例：某结构标准层的楼面标高为 44.950m，当这个标准层中某梁的顶面标高高差注写（－0.050）时，即表明该梁顶面标高向对于 44.950 低 0.05m，即该梁顶面标高为 44.900m。

2.1.2　原位标注

原位标注用来表达梁的特殊数值，当集中标注中的某项数值不适用于梁的某部位时，则将该项数值原位标注。如梁支座上部纵筋、梁下部纵筋，施工时原位标注取值优先。梁原位标注的内容规定如下：

1. 梁支座上部纵筋

梁支座上部纵筋包含上部通长筋在内的所有通过支座的纵筋。

（1）当上部纵筋多于一排时，用斜线"/"将各排纵筋自上而下分开（图 2-12）。

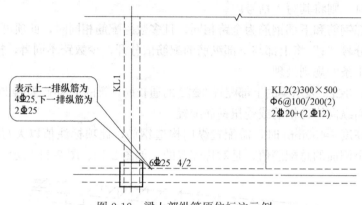

图 2-12　梁上部纵筋原位标注示例

（2）当同排纵筋有两种直径时，用"＋"将两种直径的纵筋相连，标注时角筋写在前面。

（3）当梁下部纵筋不完全伸入支座时，将梁支座下部纵筋减少的数量写在括号内。

例：梁下部纵筋注写为 6Φ25 2（—2）/4，则表示上排纵筋为 2Φ25，且不伸入支座；下一排纵筋为 4Φ25，全部伸入支座。

梁下部纵筋注写为 2Φ25＋3Φ22（—3）/5Φ25，表示上排纵筋为 2Φ25 和 3Φ22，其中 3Φ22 不伸入支座；下一排纵筋为 5Φ25，全部伸入支座。

（4）当梁的集中标注中已分别标注了梁上部和下部均为通长的纵筋时，则不用再在梁下部重复做原位标注了。

（5）当梁设置竖向加腋时，加腋部位下部斜纵筋应在支座下部以 Y 打头标注在括号内。当梁设置水平加腋时，水平加腋内，上、下部斜纵筋应在加腋支座上部以 Y 打头标注在括号内，上下部用"/"分隔。

（6）当梁中间支座两边的上部纵筋不同时，须在支座两边分别标注；当梁中间支座两边的上部纵筋相同时，可仅在支座的一边标注配筋值，另一边省去不注（图 2-13）。

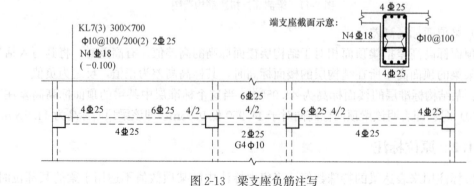

图 2-13　梁支座负筋注写

2. 集中标注中的注意事项

（1）当在梁上集中标注的内容（即梁截面尺寸、箍筋、上部通长筋或架立筋，梁侧面纵向构造钢筋或受扭纵向钢筋，以及梁顶面标高高差中的某一项或几项数值）不适用于某跨或某悬挑部分时，则将其不同数值原位标注在该跨或该悬挑部位，施工时应按原位标注数值取用。

（2）附加箍筋或吊筋，则将其直接画在平面图中的主梁上，用线引注总配筋值。

（3）井字梁的标注规则除了应遵循梁平面标注方式外，还要注意纵横两个方向梁相交处同一层面钢筋的上下交错关系，以及在该相交处两方向梁箍筋的布置要求。

2.2　梁截面标注方式

（1）截面标注方式是指在分标准层绘制的梁平面布置图上，分别在不同编号的梁中各选择一根梁用剖面号引出配筋图，并在配筋图上用标注截面尺寸和配筋具体数值的方式来表达梁平法施工图。

（2）梁进行截面标注时，先将"单边截面号"画在该梁上，再将截面配筋详图画在本图或其他图上，如果某一项的顶面标高与结构层的楼面标高不同，就应该在其梁编号后标注梁顶面标高高差（标注规定与平面标注方式相同）。

（3）在截面配筋详图上标注截面尺寸 $b×h$、上部筋、下部筋、侧面构造筋或受扭筋一级箍筋的具体数值时，其表达形式与平面标注方式相同（图 2-14）。

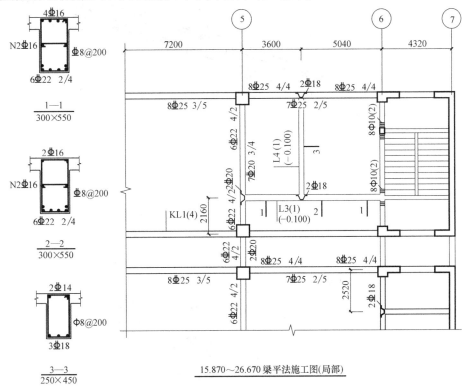

图 2-14　梁截面标注示意图

（4）截面标注方式既可以单独使用，也可与平面标注方式结合使用。在梁平面施工图中一般采用平面标注方式，当平面图中局部区域的梁布置过密时，可以采用截面标注方式，或者将过密区用虚线框出，适当放大比例后再对局部用平面标注方式，但是对异型截面梁的尺寸和配筋，用截面标注相对要方便。

2.3 梁钢筋构造三维图集与计算

在计算某一构件的钢筋时，首先要明白需要计算这个构件的哪些钢筋，针对梁构件的钢筋所在位置及功能不同，要先理清梁构件需要计算的钢筋有哪些，具体见表 2-2 所列，如图 2-15、图 2-16 所示。

梁需要计算的钢筋   表 2-2

梁钢筋位置	钢筋名称	梁钢筋位置	钢筋名称
上	上部通长筋	左	左支座负筋
中	构造筋或抗扭筋	中	架立筋
下	下部通长筋	右	右支座负筋

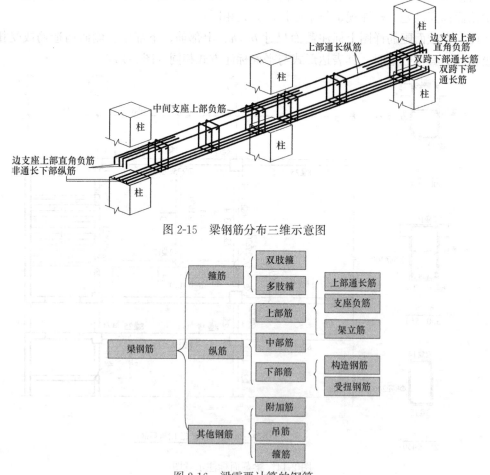

图 2-15 梁钢筋分布三维示意图

图 2-16 梁需要计算的钢筋

其他钢筋还有箍筋、吊筋、附加箍筋。

下面以框架梁为例详细讲解梁主要钢筋的计算。

通常在施工和计算中往往把非框架梁当做框架梁。非框架梁的端部节点与框架梁除上部通长筋构造相同外是有明显的区别的。如非框架梁下部纵筋伸入框架梁支座内为 $12d$，但实际中有一些非框架梁的下部纵筋伸至框架梁端部并弯折 $15d$，这完全是一种超标准的浪费。只有当非框架梁为弧形时，其下部纵筋伸入支座内不小于一个锚固长度（L_a）。非框架梁端部负弯矩钢筋伸入跨内长度为净跨的 1/5，然而有的则按 1/3 施工和计算。

2.3.1　梁通长筋计算

通长筋指直径不一定相同，但必须采用搭接、焊接或机械连接接长且两端不一定在端支座锚固的钢筋，通长筋源于抗震构造要求，通长筋能保证梁各个部位的这部分钢筋都能发挥其受拉承载力，以抵抗框架梁在地震作用过程中反弯点位置发生变化的可能。

（1）上部通长筋长度计算如图 2-17～图 2-21 所示。

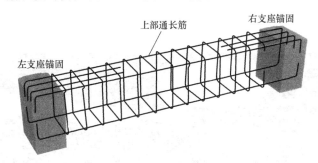

图 2-17　梁上部通长钢筋示意图（1）

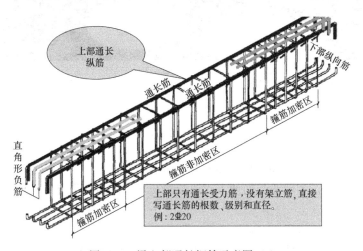

图 2-18　梁上部通长钢筋示意图（2）

上部通长筋长度＝净跨长＋左支座锚固长度＋右支座锚固长度

左、右支座锚固长度的取值判断：

当 h_c（柱宽）－保护层厚度 $\geqslant l_{aE}$ 时，直锚，锚固长度＝$\max(l_{aE}, 0.5h_c + 5d)$。

当 h_c（柱宽）－保护层厚度 $< l_{aE}$ 时，弯锚，锚固长度＝h_c－保护层厚度＋$15d$。

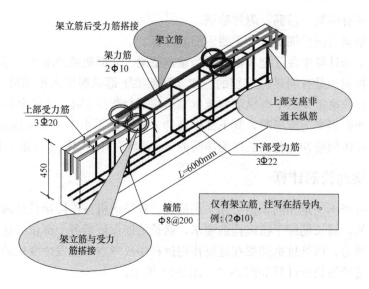

图 2-19 梁上部通长钢筋示意图（3）

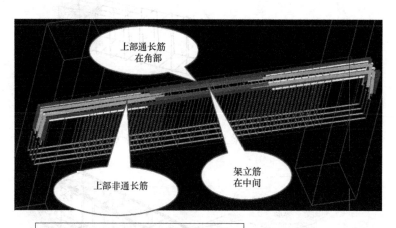

图 2-20 梁上部通长钢筋示意图（4）

当为屋面框架梁时，上部通长筋伸入支座端弯折至梁底。

当为非框架梁时，上部通长筋伸入支座端弯折 $15d$；当按设计铰接时，伸入支座内平直段长度 $\geqslant 0.35l_{ab}$。

当充分利用钢筋抗拉强度时伸入支座内平直段 $\geqslant 0.6l_{ab}$。

当为框支梁时，纵筋伸入支座对边向下弯锚，通过梁底线后再下插 l_{aE}（l_a）。

（2）下部通长筋长度计算如图 2-22 所示。

下部通长筋长度＝净跨长＋左支座锚固长度＋右支座锚固长度

左、右支座锚固长度的取值判断：

当 h_c（柱宽）－保护层厚度 $\geqslant l_{aE}$ 时，直锚，锚固长度＝max（l_{aE}, $0.5h_c+5d$）。

当 h_c（柱宽）－保护层厚度 $< l_{aE}$ 时，弯锚，锚固长度＝h_c－保护层厚度＋$15d$。

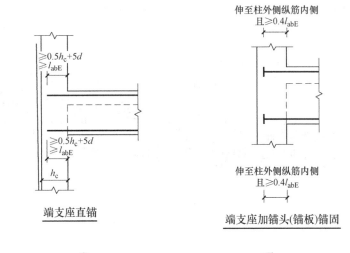

图 2-21　梁上部钢筋构造示意图

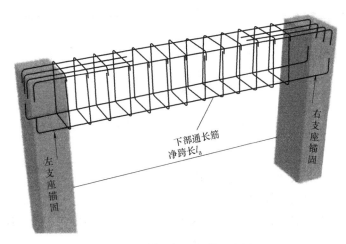

图 2-22　梁下部通长筋示意图

2.3.2　支座负筋的计算

梁支座负筋是指位于梁支座上部承受负弯矩作用的纵向受力钢筋。支座负筋按照部位分为两类：左右端支座负筋（图 2-23）、中间支座负筋（图 2-24）。中间支座负筋计算示意如图 2-25 所示。

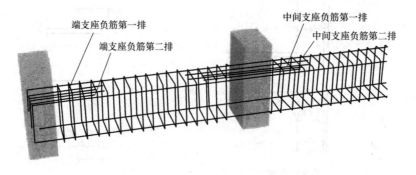

图 2-23　左右端支座负筋示意图

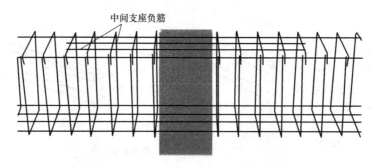

图 2-24　中间支座负筋示意图

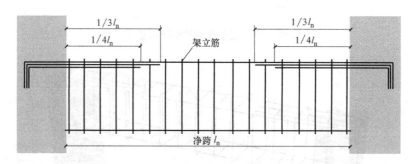

图 2-25　中间支座负筋计算示意图

端支座第一排负筋长度＝左或右支座锚固长度＋净跨长/3

端支座第二排负筋长度＝左或右支座锚固长度＋净跨长/4

中间支座第一排负筋的长度＝2×max（左跨，右跨）净跨长/3＋支座宽

中间支座第二排负筋的长度＝2×max（左跨，右跨）净跨长/4＋支座宽

净跨长为左跨 l_{ni} 和右跨 l_{ni+1} 之中较大值，其中 $i=1，2，3\cdots\cdots$。

计算中容易将第二排的长度按第一排的计算。

2.3.3　架立筋的计算

架立筋是构造要求的非受力钢筋（图 2-26），一般布置在梁的受压区且直径较小。当梁的支座处上部有负弯矩钢筋时，架立筋可只布置在梁的跨中部分，两端与负弯矩钢筋搭接或焊接，搭接时也要满足搭接长度的要求并应绑扎。架立筋也有贯通的，如规范中规定在梁上部两侧的架立筋必须是贯通的，此时的架立筋在支座处也可承担一部分负弯矩。架立筋计算示意如图 2-27 所示。

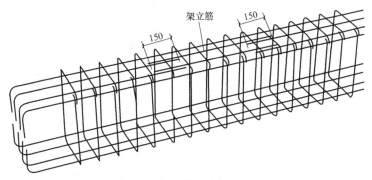

图 2-26　架立筋示意图（mm）

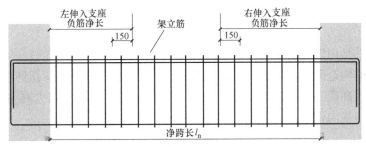

图 2-27　架立筋计算示意图（mm）

架立筋长度＝净跨长 l_n－左伸入支座负筋净长－右伸入支座负筋净长＋150×2（计算中容易将搭接长度 150 取成搭接长度 l_a）

当梁的上部既有通长筋又有架立筋时，其中架立筋的搭接长度为 150mm。

当梁的上部没有贯通筋，都是架立筋时，架立筋与支座负筋的连接长度为 l_{lE}（抗震搭接长度）。

2.3.4　梁侧面纵筋长度计算

（1）梁侧面纵筋包括抗扭纵筋和构造纵筋（图 2-28、图 2-29）。

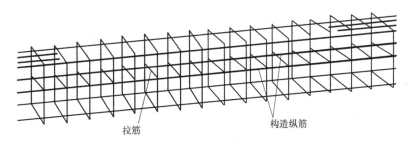

图 2-28　梁侧面纵筋示意图

（2）构造筋即为钢筋混凝土构件内考虑各种难以计量的因素而设置的钢筋。

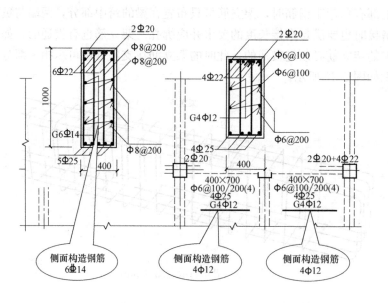

图 2-29　梁侧面纵筋示意图

（3）抗扭筋是用以承受扭矩的钢筋，抗扭筋的设置是梁的高度超过一定高度后，为防止梁侧向扭曲的构造配筋。抗扭筋与构造筋的不同之处就在于它有抗扭的作用。

（4）当梁腹高度≥450mm 时，需配置纵向构造钢筋，标注值以大写字母 G 打头。当梁侧面配置受扭纵向钢筋时，以大写字母 N 打头。

$$构造筋长度＝净跨长＋2×15d$$
$$抗扭筋长度＝净跨长＋2×锚固长度$$

2.3.5　拉筋长度计算

拉筋植筋取值范围：当梁宽≤350mm 时，取 6mm；当梁宽＞350mm 时，取 8mm。

$$拉筋长度＝梁宽－2×保护层厚度＋2×1.9d＋2×\max(10d,75)$$
$$拉筋根数＝[(净跨长－50×2)/拉筋间距＋1]×排数$$

计算中容易将拉筋的直径采用箍筋的直径，要注意梁宽不同，拉筋的直径不同。

2.3.6　吊筋长度计算

吊筋是将作用于混凝土梁式构件底部的集中力传递至顶部，以提高梁承受集中荷载抗剪能力的一种钢筋，形状如元宝，又称为元宝筋（图 2-30）。吊筋的作用：由于梁的某部位受到大的集中荷载作用，为了使梁体不产生局部严重破坏，同时使梁体的材料发挥各自的作用而设置的，主要布置在剪力有大幅突变的部位，防止该部位产生过大的裂缝，引起结构的破坏。

吊筋计算示意如图 2-31 所示。

吊筋夹角取值：当梁高≤800mm 时取 45°；当梁高＞800mm 时取 60°。

$$吊筋长度＝次梁宽 b＋2×50＋2×(梁高－2×保护层厚度)/\sin45°(60°)＋2×20d$$

注：计算中容易忽略 2×50。

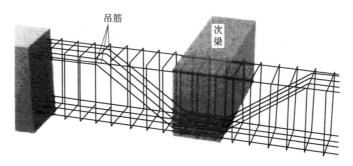

图 2-30　吊筋三维示意图

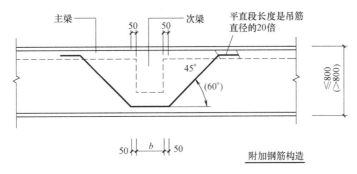

图 2-31　吊筋计算示意图（mm）

2.3.7　箍筋计算

1. 箍筋长度计算

箍筋长度＝周长－8×保护层厚度＋$1.9d$×2＋$\max(10d, 75)$×2

箍筋长度计算示意如图 2-32 所示。

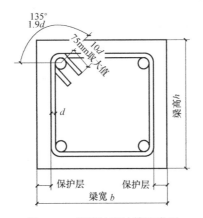

图 2-32　箍筋长度计算示意图

2. 箍筋根数的计算

根数＝[(加密区长度－50)/加密区间距＋1]×2＋(非加密区长度/非加密间距－1)

箍筋根数计算示意如图 2-33～图 2-37 所示。

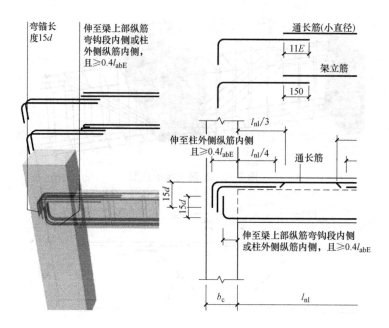

图 2-33　箍筋构造（1）

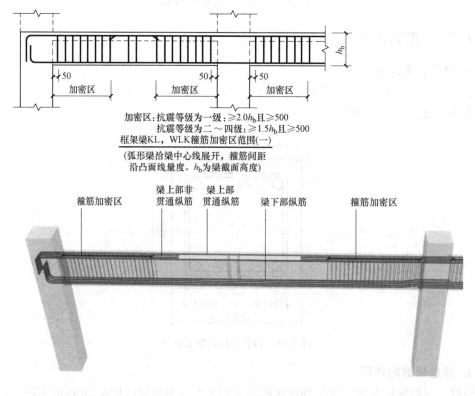

图 2-34　箍筋构造（2）

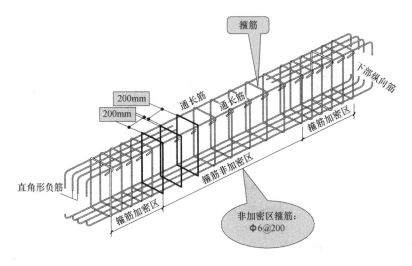

图 2-35　箍筋示意图（1）

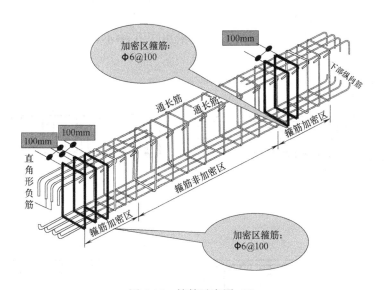

图 2-36　箍筋示意图（2）

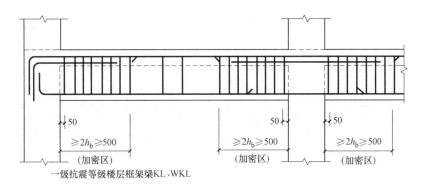

图 2-37　箍筋示意图（3）（一）

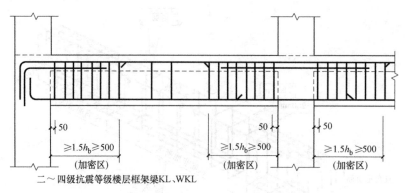

图 2-37　箍筋示意图（3）（二）

2.3.8　悬挑梁钢筋计算

不是两端都有支撑的，一端埋在或者浇筑在支撑物上，另一端伸出挑出支撑物的梁叫悬挑梁。截面高度一般为跨度的 $1/8\sim1/6$，当悬挑长度大于 1500mm 时（除设计特别说明外），需加弯起钢筋。在 16G101-1 图集中给出了几种不同形式的悬挑梁，如图 2-38 所示。

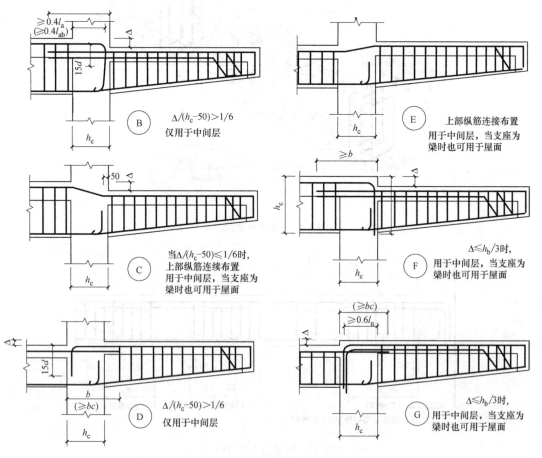

图 2-38　各种节点的悬挑梁

1. A 节点钢筋计算

悬挑梁 A 如图 2-39 所示。

第一排钢筋长度＝L(悬挑梁净跨长)－保护层厚度＋梁高－2×保护层厚度

当 $L \geqslant 4h_b$，即长悬挑梁时，除 2 根角筋，并不少于第一排纵筋的 1/2，其余第一排纵筋下弯 45°至梁底，长度＝L－保护层厚度＋0.414×(梁高－2×保护层厚度)。

第二排钢筋长度＝0.75L＋1.414(梁高－2×保护层厚度)＋10d

下部钢筋长度＝L－保护层厚度＋15d

2. B 节点钢筋计算

悬挑梁 B 如图 2-40 所示。

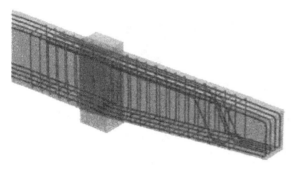

图 2-39　悬挑梁 A 示意图　　　　图 2-40　悬挑梁 B 示意图

B 节点描述的是框架梁梁顶高于悬挑梁梁顶，两者之间存在高差 Δh 的节点构造，且仅用于中间层。当 $\Delta h/(h_c-50)>1/6$ 时，框架梁纵筋伸至支座边缘——保护层位置处，弯折 15d。悬挑梁上部纵筋伸入支座长度 $\geqslant l_a$。

第一排钢筋长度＝L(悬挑梁净跨长)－保护层厚度＋梁高－2×保护层厚度＋l_a

第一排弯折长度＝L－保护层厚度＋0.414×(梁高－2×保护层厚度)＋l_a

下部钢筋长度＝L－保护层厚度＋15d

3. C 节点钢筋计算

悬挑梁 C 如图 2-41 所示。

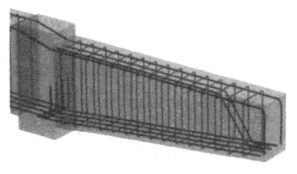

图 2-41　悬挑梁 C 示意图

C 节点描述的是框架梁梁顶高于悬挑梁梁顶，两者之间存在高差 Δh 的节点构造，且仅用于中间层。当 $\Delta h/(h_c-50)\leqslant1/6$ 时，框架梁上部纵筋连续通过，下部纵筋伸至支座边缘——保护层位置处，弯折 15d。悬挑梁纵筋构造同节点 A。

第一排钢筋长度＝L（悬挑梁净跨长）－保护层厚度＋梁高－2×保护层厚度

第一排弯折长度＝L－保护层厚度＋0.414×（梁高－2×保护层厚度）

下部钢筋长度＝L－保护层厚度＋15d

4. D 节点钢筋计算

悬挑梁 D 如图 2-42 所示。

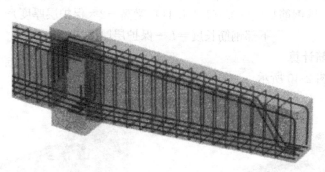

图 2-42 悬挑梁 D 示意图

D 节点描述的是框架梁梁顶低于悬挑梁梁顶，两者之间存在高差 Δh 的节点构造，且仅用于中间层。当 $\Delta h/(h_c-50)>1/6$ 时，框架梁上部纵筋伸入支座长度 $\geqslant l_a$，下部纵筋伸至支座边缘向上弯折 15d。悬挑梁上部纵筋伸至柱对边向下弯折 15d 且弯折长度 $\geqslant 0.4l_{ab}$。

第一排钢筋长度＝L（悬挑梁净跨长）＋h_c－保护层厚度×2＋梁高－2×保护层厚度＋15d

第一排弯折长度＝L＋h_c－保护层厚度×2＋0.414×（梁高－2×保护层厚度）＋15d

下部钢筋长度＝L－保护层厚度＋15d

5. E 节点钢筋计算

悬挑梁 E 如图 2-43 所示。

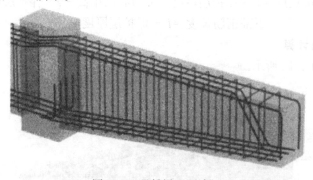

图 2-43 悬挑梁 E 示意图

E 节点描述的是框架梁梁顶低于悬挑梁梁顶，两者之间存在高差 Δh 的节点构造，且仅用于中间层。当 $\Delta h/(h_c-50)\leqslant 1/6$ 时，框架梁上部纵筋连续通过，下部纵筋伸至支座边缘向上弯折 15d。

第一排钢筋长度＝L（悬挑梁净跨长）－保护层厚度＋梁高－2×保护层厚度

第一排弯折长度＝L－保护层厚度＋0.414×（梁高－2×保护层厚度）

下部钢筋长度＝L－保护层厚度＋15d

6. F 节点钢筋计算

悬挑梁 F 如图 2-44 所示。

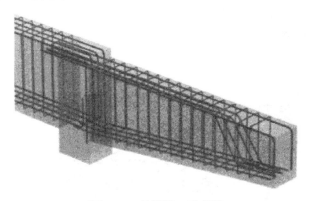

图 2-44　悬挑梁 F 示意图

F 节点描述的是框架梁梁顶高于悬挑梁梁顶，两者之间存在高差 Δh 的节点构造，用于屋面，当支座为梁时也可用于中间层。当 $\Delta h < h_b/3$ 时，框架梁上部纵筋伸至支座边缘——保护层位置处，向下弯折，弯折长度 $\geqslant l_a$(l_{aE}) 且伸至梁底。下部纵筋伸至支座边缘向上弯折 15d，悬挑梁上部纵筋伸入支座 $\geqslant l_a$。

第一排钢筋长度 $= L$(悬挑梁净跨长)$-$保护层厚度$+$梁高$-2\times$保护层厚度$+l_a$

第一排弯折长度 $= L-$保护层厚度$+0.414\times$(梁高$-2\times$保护层厚度)$+l_a$

第二排钢筋长度 $= 0.75L+1.414$（梁高$-2\times$保护层厚度）$+10d+l_a$

下部钢筋长度 $= L-$保护层厚度$+15d$

7. G 节点钢筋计算

悬挑梁 G 如图 2-45 所示。

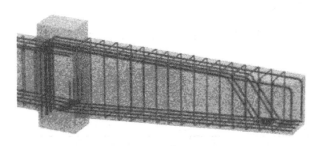

图 2-45　悬挑梁 G 示意图

G 节点描述的是框架梁梁顶低于悬挑梁梁顶，两者之间存在高差 Δh 的节点构造，用于屋面，当支座为梁时也可用于中间层。当 $\Delta h \leqslant h_b/3$ 时，框架梁上部纵筋伸至支座长度 $\geqslant l_a$（l_{aE}），下部纵筋伸至支座边缘向上弯折 15d。悬挑梁上部纵筋伸入支座边缘且不小于 $0.6l_{ab}$ 并向下弯折，弯折长度 $\geqslant l_a$ 且伸至梁底。

第一排钢筋长度 $= L$(悬挑梁净跨长)$+h_c-$保护层厚度$\times 2+$梁高$-2\times$保护层厚度$+$max(l_a,梁高$-$保护层厚度)

第一排弯折长度 $= L+h_c-$保护层厚度$\times 2+0.414\times$(梁高$-2\times$保护层厚度)$+$max（l_a,梁高$-$保护层厚度）

第二排钢筋长度＝$0.75L+1.414$（梁高$-2×$保护层厚度）$+10d+\max(l_a,$梁高$-$保护层厚度）

下部钢筋长度＝$L-$保护层厚度$+15d$

8. 纯悬挑梁钢筋计算

纯悬挑梁如图 2-46 所示。

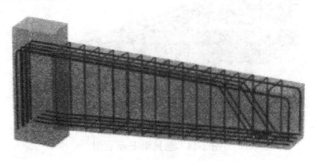

图 2-46　纯悬挑梁示意图

纯悬挑梁是指在混凝土墙或柱挑出的单独的悬臂梁，其抗弯的纵筋是按大样或标准图可靠锚固在混凝土墙或柱内，根部弯矩及剪力作用在柱或墙上。

第一排上部纵筋至少两根角筋，且不少于第一排纵筋 1/2，上部纵筋伸到悬挑梁端部，再拐弯伸至梁底，其余弯下。

两侧角筋长度＝$15d+$（支座宽$-$保护层厚度）$+$（悬挑长度$-$保护层厚度）$+$（端部梁高$-$保护层厚度）

$$下部钢筋长度＝L-保护层厚度+15d$$

2.4　梁钢筋计算实例

计算多跨楼层框架梁 KL1 的钢筋量，如图 2-47 所示。

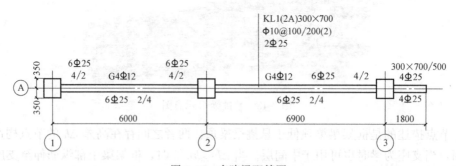

图 2-47　多跨梁配筋图

柱的截面尺寸为 $700mm×700mm$，轴线与柱中线重合计算条件见表 2-3 所列。

轴线与柱中线重合计算条件　　　　　　　　　　　　表 2-3

混凝土强度等级	梁保护层厚度（mm）	柱保护层厚度（mm）	抗震等级	连接方式	钢筋类型	锚固长度
C30	25	30	三级抗震	对焊	普通钢筋	16G101-1 图集

解:

1. 上部通长筋长度　2Φ25

单根长度 $L_1 = L_n +$ 左锚固长度 + 右端下弯长度

判断是否弯锚: 左支座 $h_c - c = 700 - 30 = 670mm < l_{aE} = 29d = 29 \times 25 = 725mm$, 所以左支座应弯锚。锚固长度 $= \max (0.4 l_{aE} + 15d, h_c - c + 15d) = \max (0.4 \times 725 + 15 \times 25, 670 + 15 \times 25) = \max (665, 1045) = 1045mm = 1.045m$

右端下弯长度: $12d = 12 \times 25 = 300mm$　$L_1 = 6000 + 6900 + 1800 - 375 - 25 + 1045 + 300 = 15645mm = 15.645m$

由以上计算可见: 本题中除构造筋以外的纵筋在支座处只要是弯锚皆取 1045mm, 因为支座宽度和直径都相同。

注意是否弯锚要判断准确。

2. 一跨左支座负筋第一排　2Φ25

单根长度 $L_2 = L_n/3 +$ 锚固长度 $= (6000 - 350 \times 2)/3 + 1045 = 2812mm = 2.812m$

3. 一跨左支座负筋第二排　2Φ25

单根长度 $L_3 = L_n/4 +$ 锚固长度 $= (6000 - 350 \times 2)/4 + 1045 = 2370mm = 2.37m$

4. 一跨下部纵筋　6Φ25

单根长度 $L_4 = L_n +$ 左端锚固长度 + 右端锚固长度 $= 6000 - 700 + 1045 \times 2 = 7390mm = 7.39m$

5. 侧面构造钢筋　4Φ12

单根长度 $L_5 = L_n + 15d \times 2 = 6000 - 700 + 15 \times 12 \times 2 = 5660mm = 5.66m$

6. 一跨右支座附近第一排　2Φ25

单根长度 $L_6 = \max(5300, 6200)/3 \times 2 + 700 = 4833mm = 4.833m$

7. 一跨右支座负筋第二排　2Φ25

单根长度 $L_7 = \max(5300, 6200)/4 \times 2 + 700 = 3800mm = 3.8m$

8. 一跨箍筋　Φ10@100/200 (2) 按外皮长度

$$\begin{aligned}
单根箍筋的长度 L_8 &= [(b - 2c + 2d) + (h - 2c + 2d)] \times 2 + 2 \times [\max(10d, 75) + 1.9d] \\
&= [(300 - 2 \times 25 + 2 \times 10) + (700 - 2 \times 25 + 2 \times 10)] \times 2 + 2 \\
&\quad \times [\max(10 \times 10, 75) + 1.9 \times 10] \\
&= 540 + 1340 + 38 + 200 \\
&= 2118mm = 2.118m
\end{aligned}$$

$$\begin{aligned}
箍筋的根数 &= 加密区箍筋的根数 + 非加密区箍筋的根数 \\
&= [(1.5 \times 700 - 50)/100 + 1] \times 2 + (6000 - 700 - 1.5 \times 700 \times 2)/200 - 1 \\
&= 22 + 15 = 37 \ 根
\end{aligned}$$

9. 一跨拉筋　Φ10@400

$$\begin{aligned}
单根拉筋的长度 L_9 &= (b - 2c + 4d) + 2 \times [\max(10d, 75) + 1.9d] \\
&= (300 - 2 \times 25 + 4 \times 10) + 2 \times [\max(10 \times 10, 75) + 1.9 \times 10] \\
&= 528mm = 0.528m
\end{aligned}$$

根数 $= [(5300 - 50 \times 2)/400 + 1] \times 2 = 28$ 根

10. 第二跨右支座负筋第二排　2Φ25

单根长度 $L_{10} = 6200/4 + 1045 = 2595mm= 2.595$m

11. 第二跨底部纵筋　6Φ25

单根长度 $L_{11} = 6900 - 700 + 1045 \times 2 = 8920mm= 8.92$m

12. 侧面构造筋　4Φ12

单根长度 $L_{12} = L_n + 15d \times 2 = 6900 - 700 + 15 \times 12 \times 2 = 6560mm= 6.56$m

13. 第二跨箍筋　Φ10@100/200（2）按外皮长度

单根箍筋的长度 $L_{13} = 2.118$m

箍筋的根数 = 加密区箍筋的根数 + 非加密区箍筋的根数

$$= [(1.5 \times 700 - 50)/100 + 1] \times 2 + (6900 - 700 - 1.5 \times 700 \times 2)/200 - 1$$

$$= 22 + 20 = 42 \text{ 根}$$

14. 二跨拉筋　Φ10@400

单根拉筋的长度 $L_{14} = 0.528$m

根数 $= [(6200 - 50 \times 2)/400 + 1] \times 2 = 34$根

15. 悬挑跨上部负筋　2Φ25

$L = 1800 - 350 = 1450$mm$< 4h_b = 4 \times 700$　不将钢筋在端部弯下

单根长度 $L_{15} = 6200/3 + 700 + 1800 - 350 - 25 + 12 \times 25$

$$= 4492 \text{mm} = 4.492 \text{m}$$

16. 悬挑跨下部纵筋　4Φ25

单根长度 $L_{16} = L_n + 12d = 1800 - 350 - 25 + 12 \times 25 = 1725mm= 1.725$m

17. 悬挑跨箍筋　Φ10@100（2）

单根长度 $L_{17} = (300 - 2 \times 25 + 2 \times 10) \times 2 + [(700 + 500)/2 - 2 \times 25 + 2 \times 10] \times 2 + 2$

$$\times [\max(10 \times 10, 75) + 1.9 \times 10]$$

$$= 1918 \text{mm} = 1.918 \text{m}$$

根数 $n = (1800 - 350 - 25 - 50)/100 + 1 = 15$ 根

第3章 柱钢筋识图与算量

柱平面表达方式分为：柱列表注写方式、柱截面注写方式。

3.1 柱列表标注方式

柱的平法施工图标注方式分列表标注方式和截面标注方式。

列表标注方式是在柱的平面图上，分别在同一编号的柱中选择一个或几个截面标注代号，在柱表中标注柱编号、柱段起止标高、几何尺寸（包括柱截面对轴线的偏心尺寸）与配筋的具体数值，并配以各种截面形状及其箍筋类型图的方式，来表达柱的平法施工图，如图3-1所示。

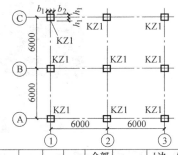

柱号	标高	$b×h$	b_1	b_2	h_1	h_2	全部纵筋	角筋	b边一侧中部筋	h边一侧中部筋	箍筋类型号	箍筋
KZ1	−4.53～15.87	750mm×700mm	375mm	375mm	350mm	350mm		4Φ25	5Φ25	5Φ25	1(5×1)	Φ10@100/200

−4.530～15.87柱平法施工图(列表注写方式)

图3-1 柱列表标注示意图

1. 标注柱编号

（1）柱编号由类型、代号和序号组成，应符合表3-1的规定。

柱类型编号 表3-1

柱类型	代号	序号	特 征
框架柱	KZ	＊＊	在框架结构中主要承受竖向压力，将来自框架梁的荷载向下传输，是框架结构中承力最大的构件
框支柱	KZZ	＊＊	出现在框架结构向剪力墙结构转换层，柱的上层变为剪力墙时该柱定义为框支柱
芯柱	XZ	＊＊	由柱内内侧钢筋围成的柱称之为芯柱，它不是一根独立的柱子，在建筑外表是看不到的，隐藏在柱内
梁上柱	LZ	＊＊	柱的生根不在基础而在梁上的称之为梁上柱，主要出现在建筑物上下结构或建筑布局发生变化时
剪力墙上柱	QZ	＊＊	柱的生根不在基础而在墙上的柱称之为墙上柱

（2）柱的类型如图 3-2 所示。

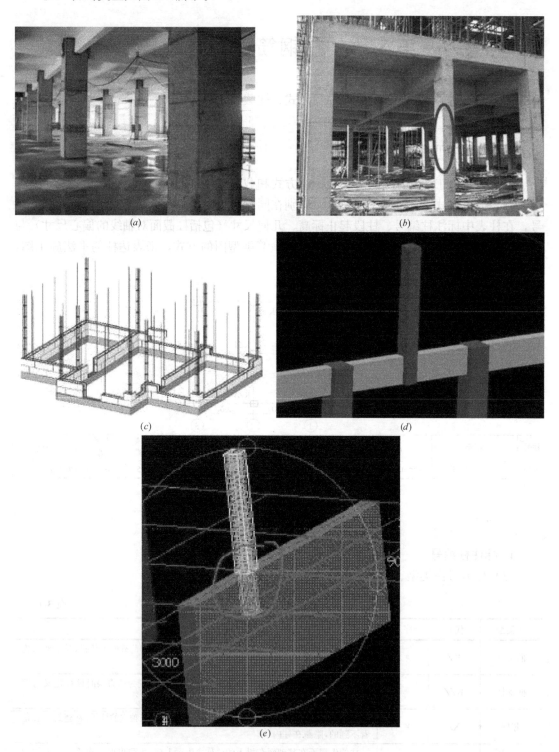

图 3-2　柱的类型

（*a*）框架柱；（*b*）框支柱；（*c*）芯柱；（*d*）梁上柱；（*e*）剪力墙上柱

（3）柱的分类：

柱根据位置不同分为角柱、边柱、中柱（图 3-3）。

2. 标注各段柱的起止标高

柱施工图用列表表组方式标注的各段起止标高时，自柱根部往上以变截面位置或截面未变但配筋改变处为界分段标注。框架柱和框支柱的根部标高是指基础顶面标高；芯柱的根部标高是指根据结构实际需要而定的起始位置标高；梁上柱的根部标高是指梁顶面标高；剪力墙上柱的根部标高为墙顶面标高（图 3-4）。

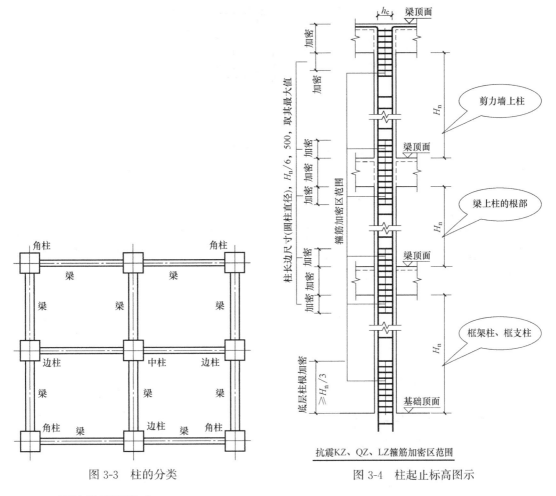

图 3-3 柱的分类

图 3-4 柱起止标高图示

3. 标注柱截面尺寸

常见的框架柱截面形式有矩形和圆形，对于矩形柱 $b \times h$ 及轴线相关的几何参数 b_1、b_2 和 h_1、h_2 的具体数值，需对应于各段柱分别标注。对于圆柱 $b \times h$ 栏改为圆柱直径数字前加 D 表示。

其中 b、h 为长方形柱截面的边长，b_1、b_2 为柱截面形心距横向轴线的距离；h_1、h_2 为柱截面形心距纵向轴线的距离，$b = b_1 + b_2$，$h = h_1 + h_2$。对于圆柱截面与轴线的关系仍然用矩形截面柱的表示方式，即 $D = b_1 + b_2 = h_1 + h_2$，如图 3-5 所示。

4. 标注柱纵向受力钢筋

柱纵向受力钢筋为柱的主要受力钢筋，纵向钢筋根数至少应保证在每个阳角处设置一

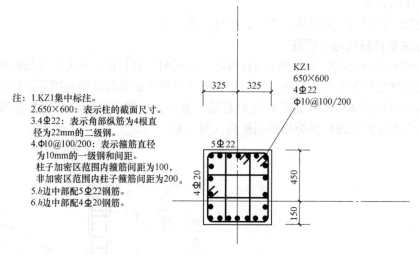

注：1. KZ1集中标注。
2. 650×600：表示柱的截面尺寸。
3. 4Φ22：表示角部纵筋为4根直径为22mm的二级钢。
4. Φ10@100/200：表示箍筋直径为10mm的一级钢和间距。柱子加密区范围内箍筋间距为100，非加密区范围内柱子箍筋间距为200。
5. b边中部配5Φ22钢筋。
6. h边中部配4Φ20钢筋。

图 3-5 柱标注示例

根。当柱纵筋直径相同，各边根数也相同时（包括矩形柱、圆柱和芯柱），将纵筋标注在"全部纵筋"一栏中；否则就需要纵筋分角筋、截面b边中部筋、截面h边中部筋三项分别标注，如图 3-6 所示。

5. 标注柱箍筋

标注柱箍筋包括钢筋级别、型号、箍筋肢数、直径与间距。当为抗震设计时，用斜线"/"区分柱端箍筋加密区与柱身非加密区箍筋的不同间距。当圆柱采用螺旋箍筋时，需在箍筋前加"L"表示，如图 3-7 所示。

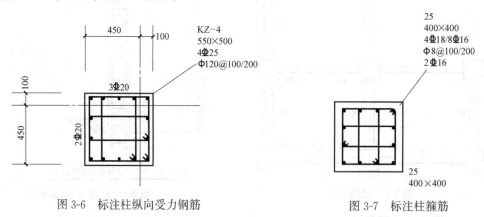

图 3-6 标注柱纵向受力钢筋

图 3-7 标注柱箍筋

3.2 柱截面标注方式

截面标注方式是在柱平面布置图的柱截面上，分别在同一编号的柱中选择一个截面，以直接标注截面尺寸和配筋具体数值的方式来表达柱平法施工图。从相同编号的柱中选择一个截面，按另一种比例原位放大绘制柱截面配筋图，并在各配筋图上面其编号后再标注截面尺寸$b \times h$、角筋或全部纵筋、箍筋的具体数值，以及在柱截面配筋图上标注柱截面与轴线关系b_1、b_2、h_1、h_2的具体数值，如图 3-8 所示。

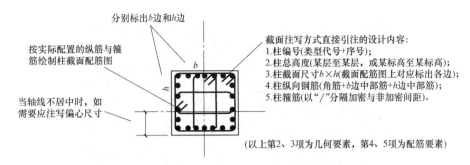

图 3-8　截面标注方式的标注内容

对于圆柱截面标注是在圆柱直径数字前加 D 表示；当圆柱采用螺旋箍筋时，需在箍筋前加 L 表示，并标注加密区和非加密区间距。圆柱截面标注方式如图 3-9 所示。

对于芯柱，芯柱是柱中柱，位于框架柱一定高度范围内的中心位置，不需要标注截面尺寸，但需要标注其名称、芯柱的起止标高、全部纵筋及箍筋的具体数字。芯柱截面标注方式如图 3-10 所示。

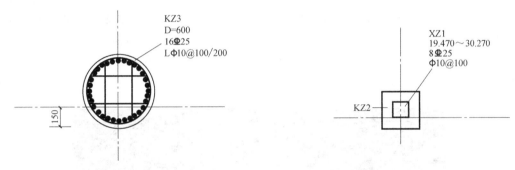

图 3-9　圆柱截面标注示例　　　　　　　图 3-10　芯柱截面标注示例

柱列表注写方式和柱截面注写方式的区别：

柱列表注写方式与柱截面注写方式还是存在一定区别，截面注写方式不仅是单独注写箍筋类型图及柱列表，而是直接在柱平面图上的截面注写，就包括列表注写中箍筋类型图及柱列表的内容。

3.3　柱钢筋构造三维图集与计算

柱需要计算的钢筋按照所在位置及功能不同，可以分为纵筋和箍筋两大部分，见表 3-2 所列。

柱需要计算的钢筋　　　　　　　　　　　　　　　　表 3-2

钢 筋 类 型	钢 筋 名 称
纵筋	基础插筋
	首层纵筋
	中间层纵筋
	顶层纵筋
箍筋	箍筋

柱的分类如图 3-11 所示。

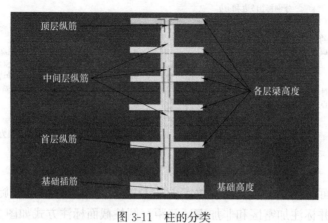

图 3-11　柱的分类

3.3.1　框架柱在基础中长度及箍筋根数计算

一般基础和柱子是分开施工的，这时候柱子的钢筋如果直接留到基础里，由于钢筋很长不方便施工，所以就留出来一段钢筋用于柱子的钢筋搭接，大小和根数应该和柱相同。基础内的箍筋，一般是 2～3 道，用于固定插筋用，出了基础顶面就是柱子的箍筋。按照图纸施工，伸入上层的钢筋长度要满足搭接或者焊接要求。基础插筋如图 3-12 所示。柱纵向连接构造如图 3-13 所示。

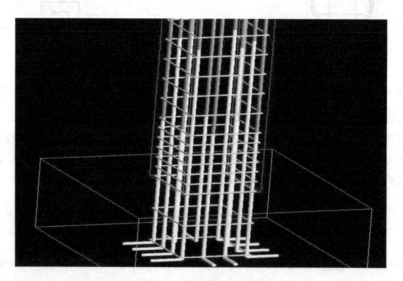

图 3-12　基础插筋示意图

1. 框架柱在基础中插筋长度计算

（1）当插筋保护层厚度＞5d，h_j（基础底面至基础顶面的高度）＞l_{aE}时（图 3-14）：

基础插筋长度＝h_j－保护层厚度＋max（6d，150）＋非连接区 max（$h_n/6$，h_c，500）＋l_{aE}

在计算过程中容易疏忽保护层厚度的扣除。

（2）当插筋保护层厚度＞5d，h_j≤l_{aE}时（图 3-15）：

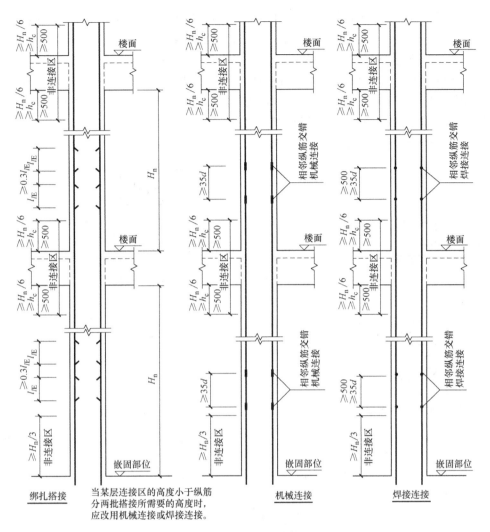

图 3-13　柱纵向连接构造

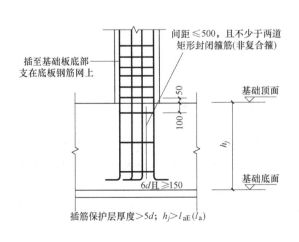

图 3-14　柱插筋在基础中锚固构造图（一）

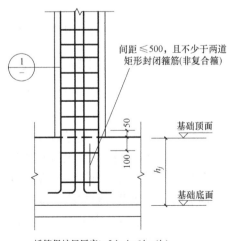

图 3-15　柱插筋在基础中锚固构造图（二）

基础插筋长度＝h_j－保护层厚度＋$15d$＋非连接区 max $(h_n/6,h_c,500)$＋l_{aE}

在计算过程中容易算成第一种结果，直接将钢筋落至基础底面。

（3）当外侧插筋保护层厚度≤$5d$，h_j＞l_{aE}时（图3-16）：

基础插筋长度＝h_j－保护层厚度＋max $(6d,150)$＋非连接区 max $(h_n/6,h_c,500)$＋l_{aE}

锚固区横向箍筋应满足直径≥$d/4$（d 为插筋最大直径），间距≤$10d$（d 为插筋最小直径）且满足间距＜100mm。在计算过程中容易疏忽 $h_n/6$ 的计取。

（4）当外侧插筋保护层厚度≤$5d$，h_j≤l_{aE}时（图3-17）：

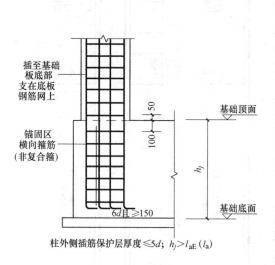

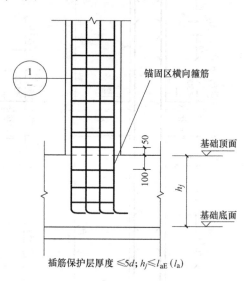

图3-16　柱插筋在基础中锚固构造图（三）　　　　图3-17　柱插筋在基础中锚固构造图（四）

基础插筋长度＝h_j－保护层厚度＋150＋非连接区 max$(h_n/6,h_c,500)$＋l_{aE}

锚固区横向箍筋应满足直径≥$d/4$（d 为插筋最大直径），间距≤$10d$（d 为插筋最小直径）且满足间距＜100mm。在计算过程中容易疏忽 $h_n/6$ 的计取。

2. 柱基础插筋个数计算

框架柱在基础中箍筋个数＝（基础高度－基础保护层厚度－100）/间距＋1

柱基础插筋在基础中箍筋的个数不应少于两道封闭箍筋。

3.3.2　首层柱子纵筋长度计算及箍筋根数计算

首层柱子纵筋长度示意如图3-18所示。首层柱子净高如图3-19所示。

首层纵筋长度＝本层柱高－下端伸上的非连接区高度＋伸入上部的非连接区的高度＋搭接长度 l_n（有搭接时候考虑）

当纵向钢筋直径＞25及受压钢筋直径＞28时，不宜采用绑扎钢筋。轴心受拉及小偏心受拉构件中纵向受力钢筋不宜采用绑扎搭接。纵向受力钢筋连接位置宜避开梁端、柱端箍筋加密区。如果必须在此连接时，应采用机械连接或焊接。

本层箍筋根数是由上下加密区和中间非加密区除以相应的间距得出的，所以要先计算上下加密区和非加密区的长度。

上部加密区箍筋根数＝[max$(1/6h_n,h_c,500)$＋梁高]/加密区间距＋1

下部加密箍筋根数＝$(1/3h_n-50)$/加密区间距＋1

中间非加密区箍筋根数＝(层高－上加密区长度＋下加密区长度)/非加密区间距－1

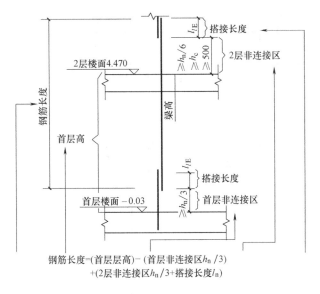

钢筋长度＝(首层层高)－(首层非连接区$h_n/3$)
＋(2层非连接区$h_n/3$＋搭接长度l_n)

图 3-18　首层柱子纵筋长度示意图

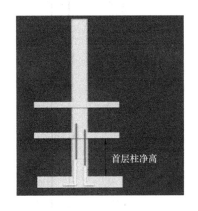

图 3-19　首层柱净高

3.3.3　中间层柱子纵筋长度及箍筋根数计算

中间层柱子纵筋长度、钢筋构造如图 3-20、图 3-21 所示。

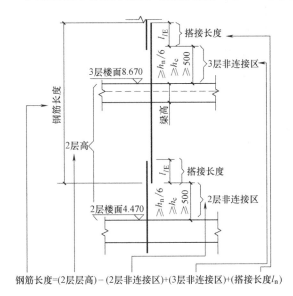

钢筋长度＝(2层层高)－(2层非连接区)＋(3层非连接区)＋(搭接长度l_n)

图 3-20　中间层柱子纵筋长度示意图

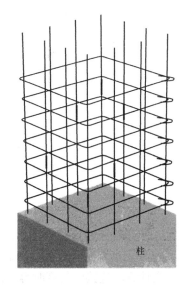

图 3-21　中间层柱钢筋构造示意图

（1）中间层柱子纵筋长度计算如图 3-22 所示。

中间层纵筋长度＝中间层高层高－下层伸入上部的非连接区的高度＋伸入上部的非连接区的高度＋搭接长度 l_n（有搭接时候考虑）

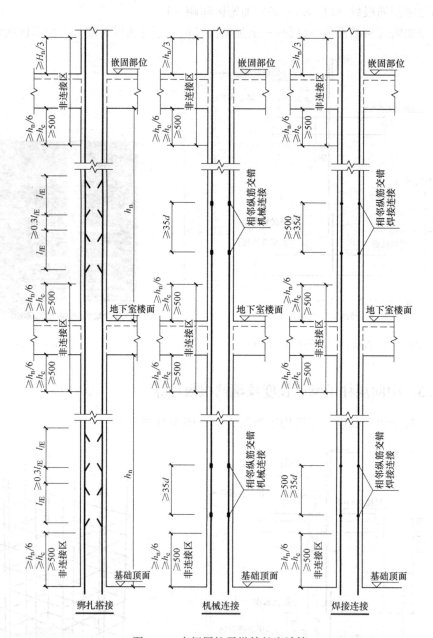

图 3-22 中间层柱子纵筋长度计算

h_c 表示柱子截面长边尺寸；

h_n 表示所在层楼层的柱净高（图 3-23）。

在计算非连接区长度时容易疏忽 h_c 的计取。

（2）中间层柱子箍筋根数计算（图 3-24）：

上部加密区箍筋根数＝[max$(1/6h_n, h_c, 500)$＋梁高]/加密区间距＋1

下部加密箍筋根数＝max$(1/6h_n, h_c, 500)$/加密区间距＋1

中间非加密区箍筋根数＝（层高－上加密区长度＋下加密区长度）/非加密区间距－1

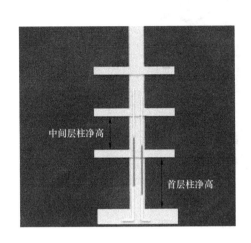

图 3-23 柱子净高

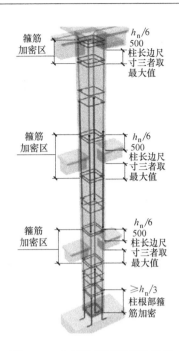

图 3-24 中间柱子箍筋根数计算

3.3.4 顶层边角柱纵筋计算

顶层柱又被区分为边柱、角柱和中柱，在顶层锚固长度有区别，其中边柱、角柱共分 A、B、C、D、E 五个不同节点。

（1）A 节点（图 3-25）：柱筋作为梁上部筋使用，当柱外侧钢筋不小于梁上部钢筋时，可以弯入梁内作为梁上部纵向钢筋。顶层边角柱 A 节点钢筋构造如图 3-26 所示。

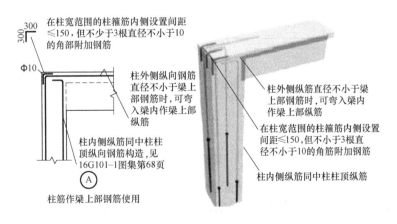

图 3-25 顶层边角柱 A 节点

外侧纵筋长度＝顶层层高－顶层非连接区长度－保护层厚度＋弯入梁内的长度
内侧纵筋长度＝顶层层高－顶层非连接区长度－保护层厚度＋12d
当梁高－保护层厚度$\geqslant l_{aE}$时，可不弯折 12d。

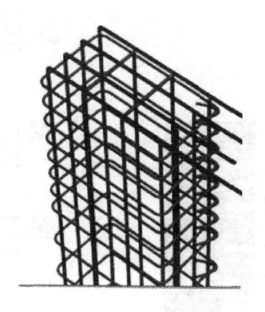

图 3-26　顶层边角柱 A 节点钢筋构造示意图

在计算中当梁高－保护层厚度≥l_{aE}时，仍然弯折 12d。

（2）B 节点（图 3-27）：从梁底算起 1.5l_{abE}超过柱内侧边缘。顶层边角柱 B 节点钢筋构造如图 3-28 所示。

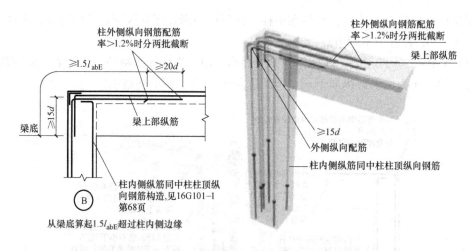

图 3-27　顶层边角柱 B 节点

外侧钢筋长度＝顶层层高－顶层非连接区长度－梁高＋1.5l_{ab}

当配筋率＞1.2％时，钢筋分两批截断，长的部分多加 20d。

内侧纵筋长度＝顶层层高－顶层非连接区长度－保护层厚度＋12d。

当梁高－保护层≥l_{aE}时，可不弯折 12d。

在计算中当梁高－保护层厚度≥l_{aE}时，仍然弯折 12d。

（3）C 节点（图 3-29）：从梁底算起 1.5l_{abE}未超过柱内侧边缘。顶层边角柱 C 节点钢筋构造如图 3-30 所示。

50

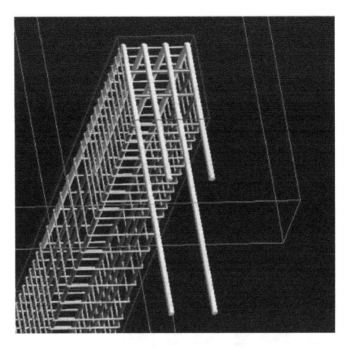

图 3-28　顶层边角柱 B 节点钢筋构造示意图

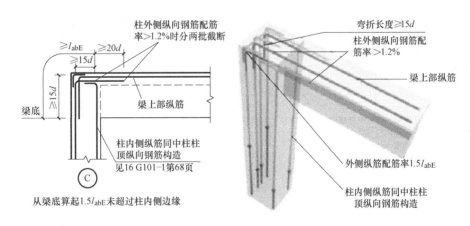

图 3-29　顶层边角柱 C 节点

外侧钢筋长度＝顶层层高－顶层非连接区长度－梁高＋max(1.5 锚固长，梁高－保护层厚度)＋15d

当配筋率＞1.2％时，钢筋分两批截断，长的部分多加 20d。

内侧纵筋长度＝顶层层高－顶层非连接区长度－保护层厚度＋12d

当梁高－保护层厚度≥l_{aE}时，可不弯折 12d。

在计算中当梁高－保护层厚度≥l_{aE}时，仍然弯折 12d。

（4）D 节点（图 3-31）：柱顶第一层伸至柱内边向下弯折 8d，第二层钢筋伸至柱内

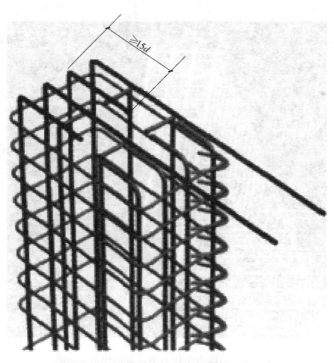

图 3-30　顶层边角柱 C 节点钢筋构造示意图

边，内侧钢筋同中柱。顶层边角柱 D 节点钢筋构造如图 3-32 所示。

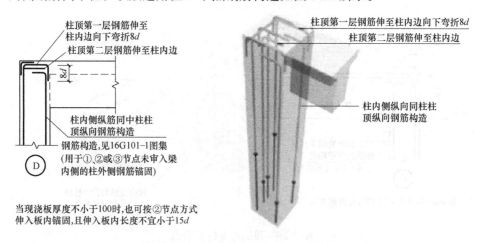

图 3-31　顶层边角柱 D 节点示意图

外侧纵筋长度＝顶层层高－顶层非连接区长度－保护层厚度＋柱宽－保护层厚度×2＋8d

内侧纵筋长度＝顶层层高－顶层非连接区长度－保护层厚度＋12d

当梁高－保护层厚度≥l_{aE}时，可不弯折 12d。

在计算中当梁高－保护层厚度≥l_{aE}时，仍然弯折 12d。

（5）E 节点（图 3-33）：梁、柱纵向钢筋搭接接头沿节点外侧直线布置。顶层边角柱 E 节点钢筋构造如图 3-34 所示。

52

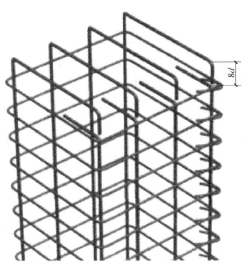

图 3-32　顶层边角柱 D 节点钢筋构造示意图

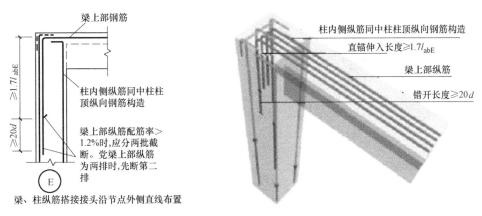

图 3-33　顶层边角柱 E 节点示意图

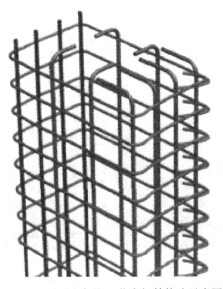

图 3-34　顶层边角柱 E 节点钢筋构造示意图

　　　　柱外侧纵筋长＝顶层层高－保护层厚度－顶层非连接区长度

梁上部纵筋锚入柱内 $1.7l_{ab}$，当配筋率＞1.2%时，再加 $20d$。

　　　　内侧纵筋长度＝顶层层高－顶层非连接区长度－保护层厚度＋$12d$

当梁高－保护层厚度≥l_{aE}时，可不弯折 $12d$。

在计算中，当梁高－保护层厚度≥l_{aE}时，仍然弯折 $12d$。

3.3.5　顶层中柱纵筋计算

（1）A 节点（图 3-35、图 3-36）

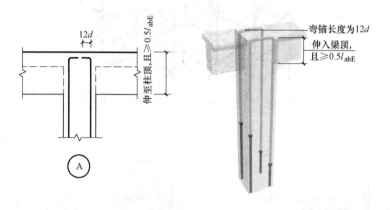

图 3-35　顶层中柱 A 节点示意图

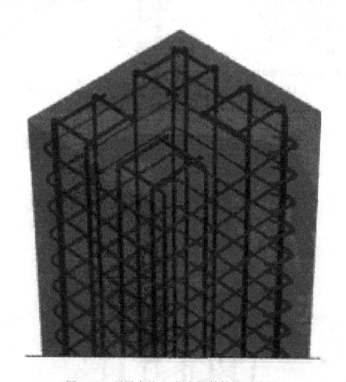

图 3-36　顶层中柱 A 节点钢筋构造示意图

当梁高－保护层厚度＜l_{aE}时：

纵筋长度＝顶层层高－顶层非连接区长度－保护层厚度＋12d

非连接区＝max（1/6h_n，500，h_c）

在计算非连接区长度时容易疏忽 h_c 的计取。

（2）B 节点（图 3-37、图 3-38）

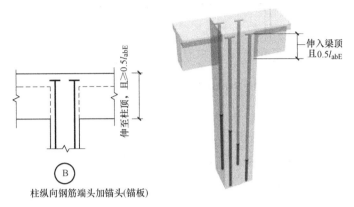

图 3-37　顶层中柱 B 节点示意图

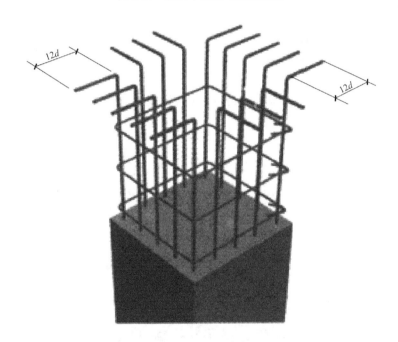

图 3-38　顶层中柱 B 节点钢筋构造示意图

当梁高－保护层厚度＜l_{aE}时：

纵筋长度＝顶层层高－顶层非连接区长度－保护层厚度＋12d

非连接区＝max（1/6h_n，500，h_c）

在计算非连接区长度时容易疏忽 h_c 的计取。

（3）C、D 节点（图 3-39、图 3-40）

中部框架柱不考虑屋面梁高度，统一弯折 12d，这是一种典型的错误，完全是"多此

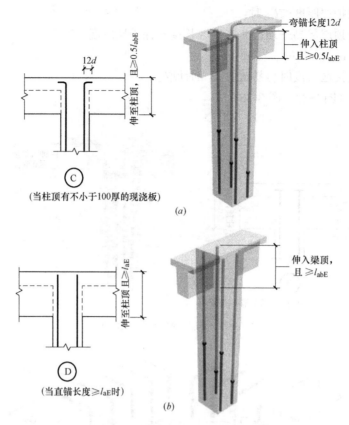

图 3-39　顶层中柱 C、D 节点示意图

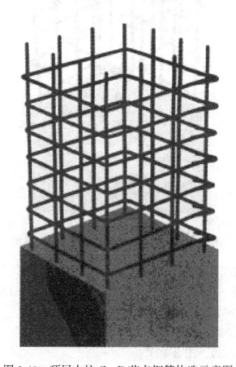

图 3-40　顶层中柱 C、D 节点钢筋构造示意图

一举"。中部框架柱在屋面框架梁内的垂直长度满足锚固长度时可以直锚，但也不能只伸入一个锚固长度，应伸至屋面梁顶减去保护层。

当梁高－保护层厚度$\geqslant l_{aE}$时，可以直锚。

3.3.6　顶层柱箍筋计算（图3-41）

上部加密区根数＝[max($1/6h_n$，h_c，500)＋梁高]/加密间距＋1

下部加密区根数＝max($1/6h_n$，h_c，500)/加密间距＋1

非加密区根数＝(层高－上加密区长度－下加密区长度)/非加密区间距－1

当采用绑扎搭接时，搭接区需要加密。

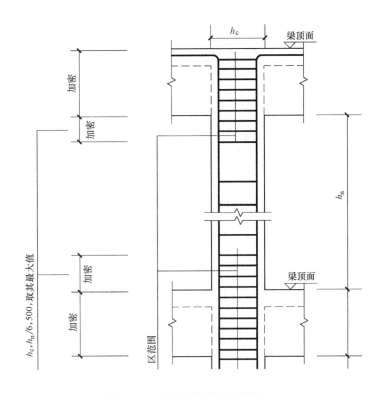

图3-41　顶层箍筋计算示意图

3.3.7　框架柱箍筋长度计算

框架柱箍筋一般分为两大类：非复合箍筋、复合箍筋。常见的矩形复合箍筋的复合方式（图3-42）有：

（1）采用大箍套小箍的形式，柱内复合箍筋可全部采用拉筋。

（2）在同一组内复合箍筋各肢位置不能满足对称要求时，沿柱竖向相邻两组箍筋应交错放置。

（3）矩形箍筋复合方式同样适用于芯柱。

（4）箍筋长度＝周长－8×保护层厚度＋1.9d×2＋max(75，10d)×2

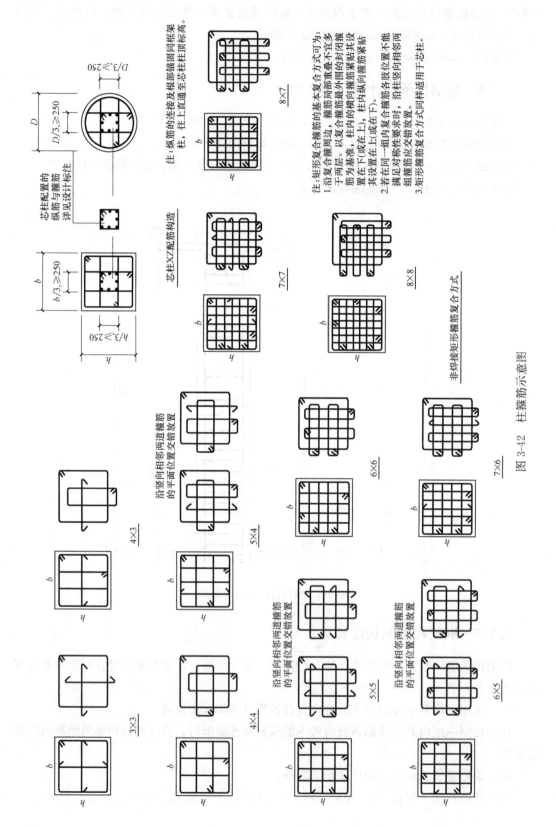

芯柱配置的纵筋与箍筋详见设计标注

芯柱XZ配筋构造

注：纵筋的连接及根部锚固同框架柱，往上直通至芯柱柱顶标高。

沿竖向相邻两道箍筋的平面位置交错放置

沿竖向相邻两道箍筋的平面位置交错放置

沿竖向相邻两道箍筋的平面位置交错放置

3×3

4×3

5×4

4×4

5×5

6×5

7×7

8×7

8×8

6×6

7×6

非焊接矩形箍筋复合方式

注：矩形复合箍筋的基本复合方式可为：

1. 沿箍周复合箍筋的基本复合方式可为：筋不宜多于两层。以复合箍为基准，柱内的横向箍筋最外围的封闭箍筋设置为基准，柱内的横向箍筋紧贴其设置在下（或在上、或在下）。

2. 若在同一组内复合箍筋各肢位置不能满足对称性要求时，沿柱竖向相邻两组箍筋应交错设置。

3. 矩形箍筋复合方式同样适用于芯柱。

图 3-42　柱箍筋示意图

3.4　柱钢筋工程量计算实例

下面结合一个实例来介绍混凝土柱平法施工图的识读与钢筋工程量的计算。

3.4.1　实例情景及分析

（1）基础层柱结构平面图如图 3-43 所示。

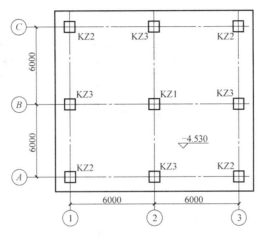

图 3-43　基础层柱结构平面图（无梁式）

（2）−4.53～12.27m 柱结构平面图如图 3-44 所示。

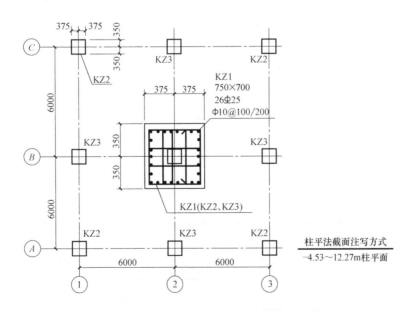

图 3-44　−4.53～12.27m 柱结构平面图

（3）12.27～19.47m 柱结构平面图如图 3-45 所示。

（4）梁结构平面图如图 3-46 所示。

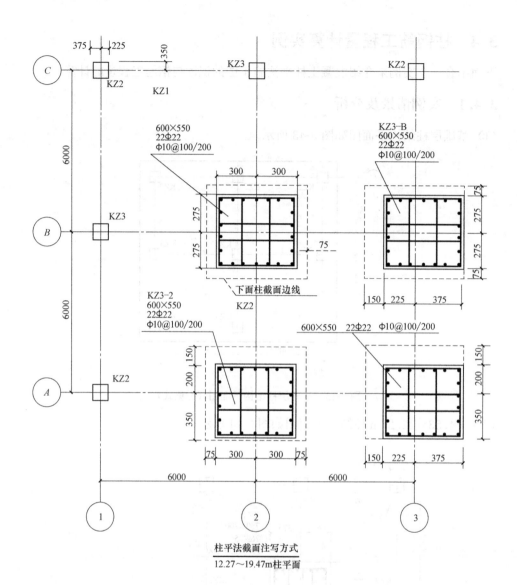

柱平法截面注写方式
12.27～19.47m柱平面

图 3-45　12.27～19.47m柱结构平面图

（5）结构层高见表 3-3 所列。

结构层高表　　　　　　　　表 3-3

层　号	结构底标高（m）	层高（m）
	19.47（顶标高）	
5（顶层）	15.870	3.60
4	12.270	3.60
3	8.670	3.60
2	4.470	4.20
1	−0.030	4.50
−1	−4.530	4.50

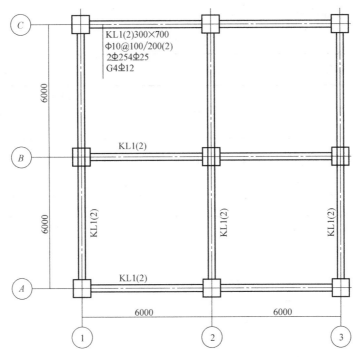

图 3-46　—4.53～19.47m 梁结构平面图

（6）柱层高图如图 3-47 所示。

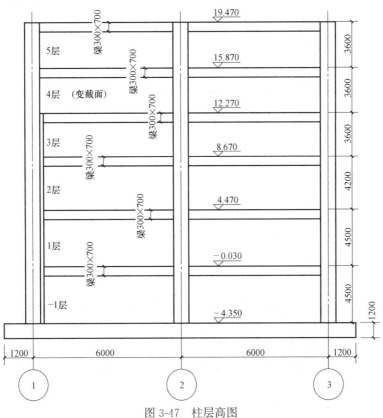

图 3-47　柱层高图

（7）柱的环境描述见表 3-4 所列。

柱的环境描述 表 3-4

抗震等级	混凝土等级	保护层		搭接情况 （mm）	梁截面(mm×mm)
		上部	基础	直径≤25 为绑扎搭接，直径＞25 为机械连接	
2 级	C30	25	40		300×700

（8）案例柱要计算的钢筋量见表 3-5 所列。

案例柱要计算的钢筋量 表 3-5

楼层名称	构 件 分 类		计 算
基础层	无梁基础	基础板厚＜2000mm	基础插筋、箍筋钢筋量
一1层			
1层			
2层			
3层	中柱	斜插上	长度、根数
	边柱	变截面	
	角柱	变截面	
4层	中柱		
	边柱	纵筋、插筋	
	角柱	纵筋、插筋	
顶层	中柱		
	边柱		
	角柱		

由于篇幅有限，本书计算表中具代表性的基础层钢筋、第二层钢筋和第三层钢筋。

3.4.2 基础层柱（KZ1）钢筋计算

计算的主要顺序是从下向上，先主后次（先算主筋，再算箍筋）。

KZ1、KZ2、KZ3 基础情况一样，这里只计算 1 根柱。

1. 基础层插筋计算

此基础层柱属于直接生根于底板，且板厚小于 2000mm 的情况，基础层插筋按图3-48计算。

由图可知：

基础插筋长度＝弯折长度 a＋竖直长度 h_1＋非连接区长度 $h_n/3＋l_{lE}$

注意不要直接按锚固长度＋弯折长度计算。

（1）锚入竖直长度 h_1 的计算。

因为弯折长度 a 的取值必须由 h_1 来判断，所以我们先计算锚入竖直长度 h_1：$h_1＝h$－基础保护层＝1200－40＝1160mm

（2）弯折长度 a 取值。

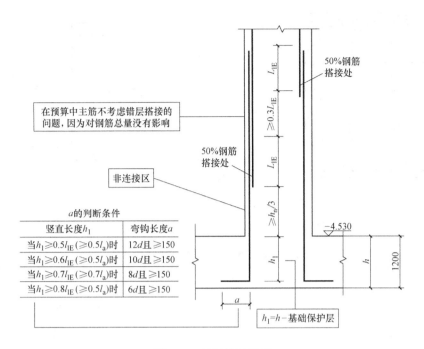

图 3-48 柱插筋计算图

由柱钢筋所处的环境查图集 16G101-1 57 页可知，螺纹钢筋 25 的锚固长度为 33d。

所以：$0.5l_{aE}=0.5\times 33\times 25=413mm$

$0.6l_{aE}=0.6\times 33\times 25=495mm$

$0.7l_{aE}=0.7\times 33\times 25=578mm$

$0.8l_{aE}=0.8\times 33\times 25=660mm$

h_1 （1160mm）$>0.8l_{aE}$ （660mm），所以，a 取 6d 和 150 中的较大值，$6d=6\times 25=150mm$，$a=150mm$。

（3）基础层柱插筋长度计算见表 3-6 所列。

基础层柱插筋长度计算（mm）　　　　　　　　　　　　　　表 3-6

计算方法	长度＝弯折长度 a＋锚固竖直长度 h_1＋非连接区长度 $h_n/3$＋搭接长度 l_{aE}				
计算过程	弯折长度 a	竖直长度 h_1	非连接区长度 $h_n/3$	搭接长度 l_{aE}	结果
	150	1200－40	（4500－700）/3	$1.4l_{aE}$	
	150	1160	1267	48d	
公式	$150+1160+1267+48\times 25=3777$				3777
根数	看图				26 根

2. 基础层箍筋计算

（1）基础层柱箍筋长度计算

图 3-49 是柱的复合箍筋示意图。

由图 3-50 可知，箍筋在基础层里是非复合箍，所以这里只计算 1 号箍筋。

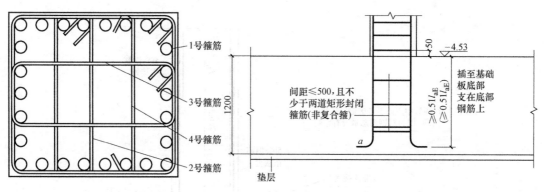

图 3-49　KZ1 复合箍筋示意图　　　　图 3-50　基础层箍筋根数计算图

这里按箍筋外皮长度计算，见表 3-7 所列。

1 号箍筋长度计算（按外皮）（mm）　　　　表 3-7

计算方法	长度=$(b+h)×2-$保护层$×8+8d+1.9d×2+\max(10d,75mm)×2$				
计算过程	b	h	保护层厚度 c	箍筋直径 d	$\max(10d,75mm)×2$	结果
	750	700	25	10	$\max(100mm,75mm)×2$	
	750	700	25	10	$100×2$	
计算公式	$(750+700)×2-25×8+8×10+1.9×10×2+100×2=3018$					3018

（2）基础层柱箍筋根数计算

基础层柱箍筋根数计算如图 3-51 所示。

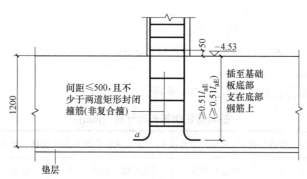

图 3-51　基础层柱箍筋根数计算图

根据图 3-51，基础层柱箍筋根数计算见表 3-8 所列。

基础层柱箍筋根数计算（mm）　　　　表 3-8

计算方法	根数=（基础高度-基础保护层）/间距-1			
计算过程	基础高度	基础保护层	间距	结果
	1200	40	500	
公式说明	$(1200-40)/500-1=1.32$			2 根
	1 号、2 号、3 号、4 号箍筋都为 2 根			

3.4.3　第二层柱钢筋计算

1. 第二层柱纵筋计算

第二层柱纵筋长度按图 3-52 计算。

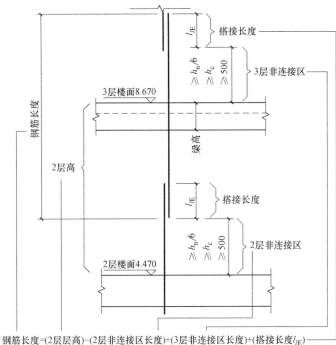

钢筋长度＝(2层层高)−(2层非连接区长度)＋(3层非连接区长度)＋(搭接长度 l_{lE})

图 3-52　第二层柱纵筋长度计算图

根据图 3-52，第二层柱纵筋计算见表 3-9 所列。

第二层柱纵筋计算（mm）　　　　　　　　　　　　　　表 3-9

计算方法	纵筋长度＝2层层高−2层非连接区长度＋3层非连接区长度＋搭接长度 l_{lE}					
计算过程	二层层高	2层非连接区长度		3层非连接区长度		结果
		取大值	$h_n/6$	取大值	$h_n/6$	l_{lE}
			h_n		h_n	
			500		500	
	4200	750	(4200−700)/6	750	(3600−700)/6	48d
			750		750	
			500		500	
公式	4200−750＋750＋48×25＝5400					5400
根数						26 根

2. 第二层柱箍筋计算

（1）第二层柱箍筋长度计算（按外皮）

1 号箍筋长度＝(750＋700)×2−25×8＋8×10＋1.9×10×2＋100×2＝3018mm

2 号箍筋长度＝[(750−25×2−25)/7×1＋25]×2＋(700−25×2)×2＋8×10＋1.9×

$10 \times 2 = 1861mm$

3号箍筋长度 $= [(750 - 25 \times 2 - 25)/6 \times 2 + 25] \times 2 + (750 - 25 \times 2) \times 2 + 8 \times 10 + 1.9 \times 10 \times 2 + 100 \times 2 = 2185mm$

4号箍筋长度 $= (750 - 25 \times 2 + 4 \times 10) + 1.9 \times 10 \times 2 + 100 \times 2 = 928mm$

（2）第二层柱箍筋根数计算（注意箍筋加密区长度的计算）

第二层柱箍筋根数按图 3-53 计算。

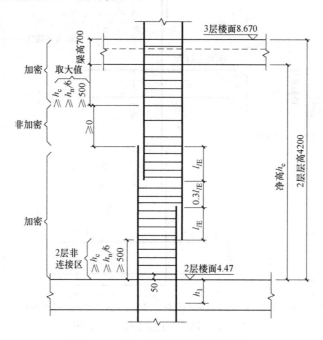

图 3-53　第二层柱箍筋根数计算图

根据图 3-53，第二层柱箍筋加密判断与根数计算结果见表 3-10 所列。

第二层柱箍筋加密判断与根数计算（mm）　　　　　　　表 3-10

加密部位	加密范围	加密长度	加密长度合计	加密判断
2 层根部	$\max(h_n/6, h_c, 500)$	$\max(3800/6, 750, 500)$		
		750		
搭接范围	$48d + 0.3 \times 48d + 48d$	$2.3 \times 48 \times 25 = 2760$	$750 + 2760 + 750 + 700 = 4960$	因为 4960 大于层高 4200，所以全高加密
梁下部位	$\max(h_n/6, h_c, 500)$	$\max(3800/6, 750, 500)$		
		750		
梁高范围	梁高	700		
计算方法	根数 =（2 层层高 − 50）/ 加密间距 + 1			
计算过程	2 层层高	第一根钢筋距基础顶的距离	加密间距	结果
	4200	50	100	
计算公式	（4200 − 50）/100 + 1 = 42.5			43 根
说明	1 号、2 号、3 号、4 号箍筋均为 43 根			

3.4.4　第三层柱钢筋计算

1. 中柱

（1）第三层中柱纵筋计算

第三层中柱纵筋长度按图 3-54 计算。

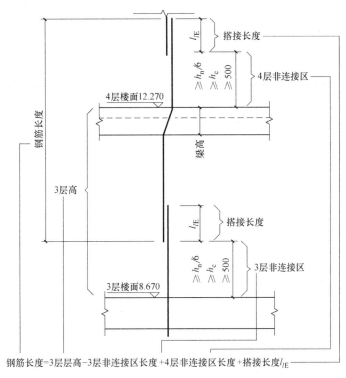

钢筋长度＝3 层层高－3 层非连接区长度＋4 层非连接区长度＋搭接长度 l_{lE}

图 3-54　第三层柱纵筋计算图

由图 3-54 可知，柱纵筋到梁里面斜着上去，这里斜长和垂直长误差很小，所以按垂直长度计算。

1）直接通入上层的纵筋计算见表 3-11 所列。

3 层中柱 KZ1 纵筋长度计算（mm）　　　　　　　　表 3-11

计算方法	纵筋长度＝3 层层高－3 层非连接区长度＋4 层非连接区长度＋搭接长度 L_{lE}					
计算过程	3 层层高	3 层非连接区长度		4 层非连接区长度		l_{lE}	结果
		取大值	$h_{n}/6$	取大值	$h_{n}/6$		
			h_{n}		h_{n}		
			500		500		
	3600	750	(3600－700)/6	600	(3600－700)/6	48d	
			750		600		
			500		500		
公式	4200－750＋600＋48×25＝4650						4650
根数							22 根

2) 第三层中柱 KZ1 纵筋 4 根锚入上层 $1.2l_{aE}$ 钢筋计算见表 3-12 所列。

4 根锚入上层 $1.2l_{aE}$ 钢筋计算（mm） 表 3-12

方法	长度＝3层层高－3层非连接区长度－梁高＋$1.2l_{aE}$					
计算过程	层高	3层非连接区	梁高	$1.2l_{aE}$	结果	根数
	3600	$\max(h_n/6, h_c, 500)$	700	$1.2 \times 34 \times 25$		
	3600	$\max(483, 750, 500)$	700	1020		
公式	$3600-750-700+1020=3170$				3170	4 根

注：其中 b 边中部 2 根，上、下各一根；h 边中部 2 根，左、右各 1 根。

（2）第三层中柱 KZ1 箍筋计算

1）箍筋长度计算

1 号箍筋长度＝$(750+700) \times 2-25 \times 8+8 \times 10+1.9 \times 10 \times 2+100 \times 2=3018\text{mm}$

2 号箍筋长度＝$[(750-25 \times 2-25)/7 \times 1+25] \times 2+(750-25 \times 2) \times 2+8 \times 10+1.9 \times 10 \times 2=1861\text{mm}$

3 号箍筋长度＝$[(750-25 \times 2-25)/6 \times 2+25] \times 2+(750-25 \times 2) \times 2+8 \times 10+1.9 \times 10 \times 2+100 \times 2=2185\text{mm}$

4 号箍筋长度＝$(750-25 \times 2+2 \times 10)+1.9 \times 10 \times 2+100 \times 2=908\text{mm}$

2）箍筋根数计算

第三层柱箍筋根数按图 3-55 计算。

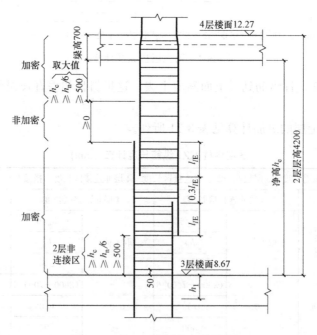

图 3-55 第三层柱箍筋根数计算图

根据图 3-55，第三层中柱箍筋加密判断与根数计算结果见表 3-13 所列。

第三层中柱箍筋加密判断与根数计算（mm）　　　　　　　　　　表 3-13

加密部位	加密范围	加密长度	加密长度合计	加密判断
2 层根部	$\max(h_n/6, h_c, 500)$	$\max(3800/6, 750, 500)$		
		750		
搭接范围	$48d + 0.3 \times 48d + 48d$	$2.3 \times 48 \times 25 = 2760$	$750 + 2760 + 750 +$ $700 = 4960$	因为 4960 大于层高 4200，所以全高加密
梁下部位	$\max(h_n/6, h_c, 500)$	$\max(3800/6, 750, 500)$		
		750		
梁高范围	梁高	700		
计算方法	根数=（3 层层高-50）/加密间距+1			
计算过程	3 层层高	第一根钢筋距基础顶的距离	加密间距	结果
	3600	50	100	
计算公式	（3600-50）/100+1=36.5			37 根
说明	1 号、2 号、3 号、4 号箍筋均为 37 根			

2. 边柱

（1）第三层边柱（KZ3）钢筋计算

1）Ⓑ轴线边柱（KZ3）纵筋长度根数计算

变截面处纵筋示意图如图 3-56 所示。

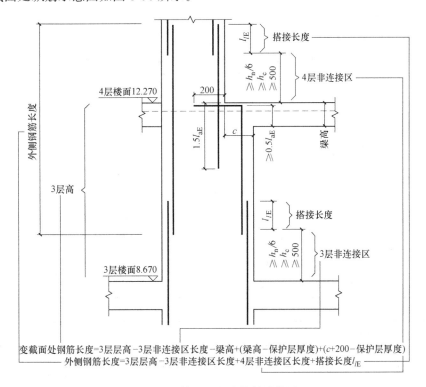

变截面处钢筋长度=3层层高-3层非连接区长度-梁高+（梁高-保护层厚度）+（c+200-保护层厚度）
外侧钢筋长度=3层层高-3层非连接区长度+4层非连接区长度+搭接长度l_{lE}

图 3-56　第三层边柱纵筋计算图

直接通入上层钢筋的计算，由图3-57可以看出，Ⓑ轴线边柱有12根钢筋斜插与上层搭接，4根钢筋直接与上层搭接。斜插上层钢筋因为增长值很小，故垂直与上层搭接计算共16根。计算如下：

直接通入上层钢筋长度＝3层层高－3层非连接区长度＋4层非连接区长度＋搭接长度 l_{lE}＝3600－750＋600＋48×25 ＝4650mm（16根）

其中，角筋2根，b边10根，h边4根。

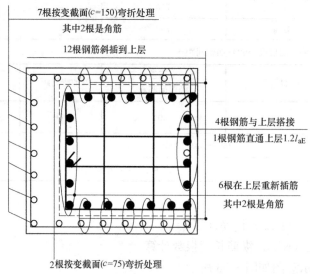

图3-57　Ⓑ轴线边柱3、4层纵筋关系图

h边右侧1根锚入上层1.2l_{aE}钢筋计算见表3-14所列。

h边右侧1根锚入上层1.2l_{aE}钢筋计算（mm）　　　　表3-14

方法	长度＝3层层高－3层非连接区长度－梁高＋1.2l_{aE}					
	层高	3层非连接区长度	梁高	1.2l_{aE}	结果	根数
计算过程	3600	max($h_n/6,h_c$,500)	700	1.2×34×25		
	3600	max(483,750,500)	700	1020		
公式	3600－750－700＋1020＝3170				3170	1根

h边7根钢筋按当前层变截面（c＝150）弯折处，纵筋长度计算见表3-15所列。

7根钢筋按当前层变截面弯折处纵筋长度计算（mm）　　　　表3-15

计算方法	长度＝3层层高－3层非连接区长度－梁高＋（梁高－保护层厚度）＋（c＋200－保护层厚度）						
	层高	3层非连接区长度	梁高	梁高－保护层厚度	c	结果	根数
计算过程	3600	max($h_n/6,h_c$,500)	700	700－25	150		
	3600	max(483,750,500)	700	675	150		
公式	3600－750－700＋675＋（150＋200－25）＝3150					3150	7根

注：其中2根是角筋，h边左侧中部5根。

b边2根按当前层变截面（c＝75）弯折处，纵筋长度计算见表3-16所列。

b 边 2 根按当前层变截面弯折处纵筋长度计算（mm）　　　　表 3-16

计算方法	长度＝3 层层高－3 层非连接区长度－梁高＋（梁高－保护层厚度）＋(c＋200－保护层厚度)					
计算过程	层高	3 层非连接区长度	梁高	梁高－保护层厚度	c	结果	根数
	3600	$\max(h_n/6, h_c, 500)$	700	700－25	75		
	3600	$\max(483, 750, 500)$	700	675	75		
公式	3600－750－700＋675＋(75＋200－25)＝3075					3075	2 根

注：b 边上、下各 1 根。

2）②轴线边柱（KZ3）纵筋长度根数计算

直接通入上层钢筋计算。

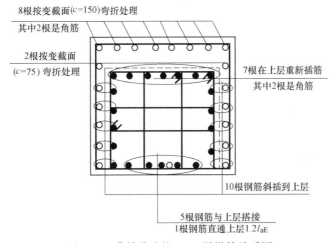

图 3-58　②轴线边柱 3、4 层纵筋关系图

由图 3-58 可以看出，②轴线边柱有 10 根钢筋斜插与上层搭接，5 根钢筋直接与上层搭接。斜插上层钢筋因为增长值很小，故垂直与上层搭接按共 15 根计算。计算如下：

直接通入上层钢筋长度＝3 层层高－3 层非连接区长度＋4 层非连接区长度＋搭接长度 l_{aE}＝3600－750＋600＋48×25＝4650mm（15 根）

其中角筋 2 根，h 边 8 根，b 边 5 根。

b 边下部 1 根锚入上层 $1.2l_{aE}$ 钢筋计算见表 3-17 所列。

b 边下部 1 根锚入上层 $1.2l_{aE}$ 钢筋计算（mm）　　　　表 3-17

方法	长度＝3 层层高－3 层非连接区长度－梁高＋$1.2l_{aE}$					
计算过程	层高	3 层非连接区长度	梁高	$1.2l_{aE}$	结果	根数
	3600	$\max(h_n/6, h_c, 500)$	700	1.2×34×25		
	3600	$\max(483, 750, 500)$	700	1020		
公式	3600－750－700＋1020＝3170				3170	1 根

b 边上部 8 根钢筋按当前层变截面（c＝150）弯折处，纵筋长度计算见表 3-18 所列。

8 根钢筋按当前层变截面弯折处纵筋长度计算（mm）　　　　表 3-18

计算方法	长度＝3 层层高－3 层非连接区长度－梁高＋（梁高－保护层厚度）＋(c＋200－保护层厚度)					
计算过程	层高	3 层非连接区长度	梁高	梁高－保护层厚度	c	结果	根数
	3600	$\max(h_n/6, h_c, 500)$	700	700－25	150		

计算过程	层高	3层非连接区长度	梁高	梁高－保护层厚度	c	结果	根数
	3600	max(483,750,500)	700	675	150		
公式	3600－750－700＋675＋（150＋200－25）＝3150					3150	8根

注：其中2根是角筋，b边上部6根。

h 边2根钢筋按当前层变截面（$c=75$）弯折处，纵筋长度计算见表3-19所列。

h 边2根钢筋按当前层变截面弯折处纵筋长度计算（mm）　　　　表3-19

计算方法	长度＝3层层高－3层非连接区长度－梁高＋（梁高－保护层厚度）＋（c＋200－保护层厚度）						
计算过程	层高	3层非连接区长度	梁高	梁高－保护层厚度	c	结果	根数
	3600	max($h_n/6,h_c$,500)	700	700－25	75		
	3600	max(483,750,500)	700	675	75		
公式	3600－750－700＋675＋（75＋200－25）＝3075					3075	2根

注：h边左右各1根。

（2）3层边柱（KZ3）箍筋长度根数计算

1）箍筋长度计算

1号箍筋长度＝（750＋700）×2－25×8＋8×10＋1.9×10×2＋100×2＝3018mm

2号箍筋长度＝[（750－25×2－25）/7×1＋25]×2＋（750－25×2）×2＋8×10＋1.9×10×2＝1861mm

3号箍筋长度＝[（750－25×2－25）/6×2＋25]×2＋（750－25×2）×2＋8×10＋1.9×10×2＋100×2＝2185mm

4号箍筋长度＝（750－25×2＋2×10）＋1.9×10×2＋100×2＝908mm

2）箍筋根数计算

箍筋根数按图3-59计算。

同中柱箍筋根数一样，第三层边柱箍筋根数按全高加密计算，见表3-20所列。

第三层边柱箍筋根数计算（mm）　　　　表3-20

计算方法	根数＝（3层层高－50）/加密距离＋1			
计算过程	3层层高	第一根钢筋距基础顶的距离	加密间距	结果
	3600	50	100	
计算公式	（3600－50）/100＋1＝36.5			37根
说明	1号、2号、3号、4号箍筋均为37根			

3. 角柱

（1）第三层角柱（KZ2）钢筋计算

1）第三层角柱（KZ2）纵筋长度根数计算

变截面处纵筋如图3-60所示。

2）直接通入上层钢筋计算

由图3-60可以看出，角柱有1根钢筋直接与上层搭接，计算如下：

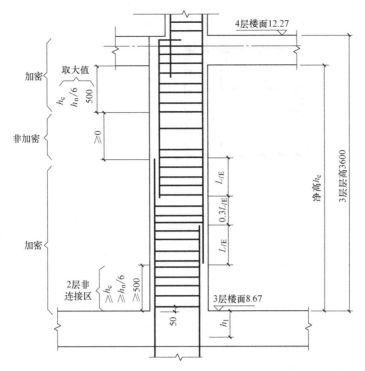

图 3-59 第三层边柱箍筋根数计算图

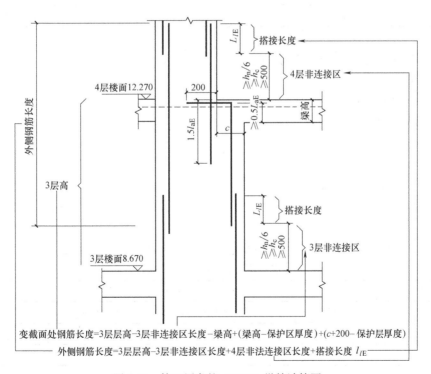

图 3-60 第三层角柱（KZ2）纵筋计算图

直接通入上层钢筋长度＝3 层层高－3 层非连接区长度＋4 层非连接区长度＋搭接长

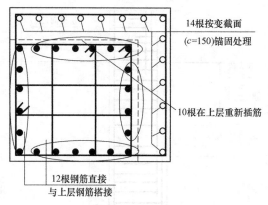

图 3-61　角柱 3、4 层纵筋关系图

度 $l_{lE} = 3600 - 750 + 600 + 48 \times 25 = 4650$mm（12 根）

其中角筋 1 根，b 边 6 根，h 边 5 根（图 3-61）。

14 根钢筋按当前层变截面（$c=150$）弯折处纵筋长度计算见表 3-21 所列。

14 根钢筋按当前层变截面弯折处纵筋长度计算（mm）　　表 3-21

方法	长度＝3层层高－3层非连接区长度－梁高＋（梁高－保护层厚度）＋（c＋200－保护层厚度）					
计算过程	层高	3层非连接区长度	梁高	梁高－保护层厚度	c	结果	根数
	3600	max($h_n/6,h_c,500$)	700	700－25	150		
	3600	max(483,750,500)	700	675	150		
公式	3600－750－700＋675＋（150＋200－25）＝3150					3150	14 根

注：其中 3 根是角筋，b 边 3 根，h 边 5 根。

（2）第三层角柱（KZ2）箍筋长度根数计算

1）箍筋长度计算

1 号箍筋长度＝(750＋700)×2-25×8＋8×10＋1.9×10×2＋100×2＝3018mm

2 号箍筋长度＝[(750－25×2－25)/7×1＋25]×2＋(750－25×2)×2＋8×10＋1.9×10×2＝1861mm

3 号箍筋长度＝[(750－25×2－25)/6×2＋25]×2＋(750－25×2)×2＋8×10＋1.9×10×2＋100×2＝2185mm

4 号箍筋长度＝(750－25×2＋2×10)＋1.9×10×2＋100×2＝908mm

2）箍筋根数计算

同中柱箍筋根数一样，3 层角柱箍筋根数按全高加密计算（表 3-22）。

3 层角柱箍筋根数计算（mm）　　表 3-22

计算方法	根数＝(3 层层高－50)/加密间距＋1			
计算过程	3 层层高	第一根钢筋距基础顶的距离	加密间距	结果
	3600	50	100	
计算公式	(3600－50)/100＋1＝36.5			37 根
说明	1 号、2 号、3 号、4 号箍筋均为 37 根			

第4章 墙钢筋识图与算量

4.1 墙钢筋识图

4.1.1 剪力墙构件组成及剪力墙表示方法

剪力墙构件组成如图 4-1～图 4-3 所示。

剪力墙平法施工图表示方法系在剪力墙平面布置图上采用列表注写方式或截面注写方式表示。

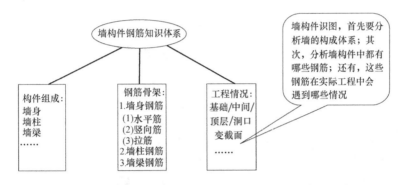

图 4-1　墙构件钢筋知识体系

图 4-2　墙构件钢筋工程实例（一）

图 4-2 墙构件钢筋工程实例（二）

图 4-3 墙构件钢筋工程实例

　　剪力墙结构包含一墙、两柱、三梁，也就是说包含一种墙身、两种墙柱、三种墙梁（图 4-4）。

4.1.2 列表注写方式

为表达清楚、简便，剪力墙可视为由剪力墙柱、剪力墙身和剪力墙梁三类构件组成。

1. 剪力墙柱

（1）剪力墙柱列表注写

剪力墙柱列表注写见表 4-1 所列。

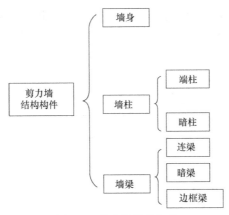

图 4-4　剪力墙结构构件

剪力墙柱列表注写				表 4-1
截面	 1050 300 300 300	1200 300 600 600	900 300 600 600	YBZ4 300 300 300 250 300
编号	YBZ1	YBZ2	YBZ3	YBZ4
标高	−0.030～12.270	−0.030～12.270	−0.030～12.270	−0.030～12.270
纵筋	24 Φ 20	22 Φ 20	18 Φ 22	20 Φ 20
箍筋	Φ 10@100	Φ 10@100	Φ 10@100	Φ 10@100

墙柱编号，墙柱起止标高，墙柱纵向钢筋和箍筋都要体现在墙柱表中

（2）剪力墙柱编号

墙柱编号由墙柱类型代号和序号组成，表达形式符合表 4-2 的规定。

约束边缘构件包括约束边缘暗柱、约束边缘端柱、约束边缘翼墙、约束边缘转角墙四种；构造边缘构件包括构造边缘暗柱、构造边缘端柱、构造边缘翼墙、构造边缘转角墙四种

剪力墙柱编号		表 4-2
墙柱类型	代号	序号
约束边缘构件	YBZ	xx
构造边缘构件	GBZ	xx
非边缘暗柱	AZ	xx
扶壁柱	FBZ	xx

（3）剪力墙柱表中表达的内容

暗柱与端柱最明显的区别：暗柱与端柱最明显区别，暗柱与墙身等厚，端柱比墙厚（图 4-5）。

图 4-5　暗柱与端柱的区别

1）注写墙柱编号，绘制该墙柱的截面配筋图，标注墙柱尺寸。此外：

① 对于约束边缘端柱 YDZ 及构造边缘端柱 GDZ，需增加标注几何尺寸 $b_c \times h_c$，如图 4-6 所示。

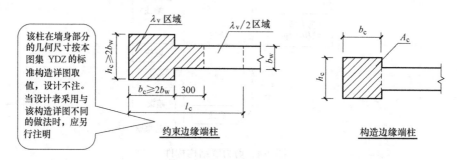

图 4-6　墙柱编号（1）

② 对于约束边缘暗柱 YAZ、翼墙（柱）YYZ、转角墙（柱）YJZ，如图 4-7 所示。

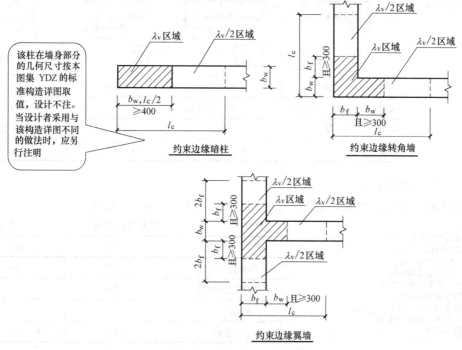

图 4-7　墙柱编号（2）

③ 对于构造边缘暗柱 GAZ、翼墙（柱）GYZ、转角墙（柱）GJZ，如图 4-8 所示。

2）注写各段墙柱的起止标高。

自墙柱根部往上以变截面位置或截面未变但配筋改变处为界分段注写。墙柱根部标高一般指基础顶面标高（部分框支剪力墙结构则为框支梁顶面标高）。

3）注写各段墙柱的纵向钢筋和箍筋，见表 4-3 所列。

2. 剪力墙身

（1）剪力墙身列表注写

剪力墙身列表注写见表 4-4 所列。

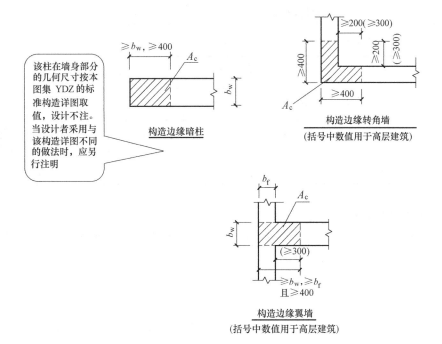

图 4-8 墙柱编号（3）

剪力墙柱列表注写   表 4-3

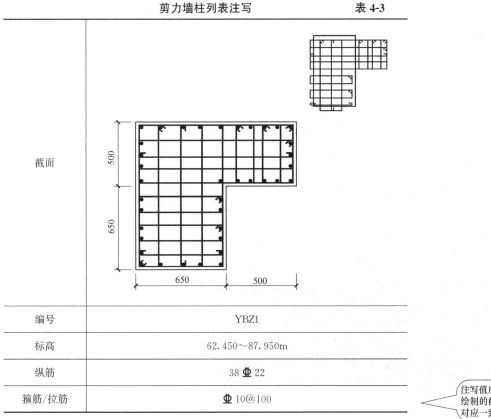

截面	
编号	YBZ1
标高	62.450～87.950m
纵筋	38 Φ 22
箍筋/拉筋	Φ 10@100

					表 4-4	

剪力墙身列表注写

编号	标高（m）	墙厚（mm）	水平分布筋	垂直分布筋	拉筋（双向）
Q1	−0.030～32.270	300	Φ12@200	Φ12@200	Φ6@600@600
	30.270～59.070	250	Φ10@200	Φ10@200	Φ6@600@600
Q2	−0.030～30.270	250	Φ10@200	Φ10@200	Φ6@600@600
	30.270～59.070	200	Φ10@200	Φ10@200	Φ6@600@600

> 注写墙身编号、注写各段墙身起止标高、注写水平分布筋、竖向分布筋和拉筋的具体数值

（2）剪力墙身编号

1）墙身编号由墙身代号、序号以及墙身所配置的水平与竖向分部钢筋的排数组成，其中排数注写在括号内。表达形式为：

QXX（X 排）

> 当墙身设置的水平与竖向分布筋的排数为2时可不注

2）对于分布钢筋网的排数规定，如图 4-9 所示。

3）当剪力墙配置的分布筋多于两排时，如图 4-10、图 4-11 所示。

3. 剪力墙梁

（1）剪力墙梁列表注写

剪力墙梁列表注写见表 4-5 所列。

> 当剪力墙厚度b≤400mm时，应配置双排；
> 当剪力墙厚度400mm＜b≤700mm时，宜配置三排；
> 当剪力墙厚度b＞700mm时，宜配置四排

图 4-9　分布钢筋图（一）

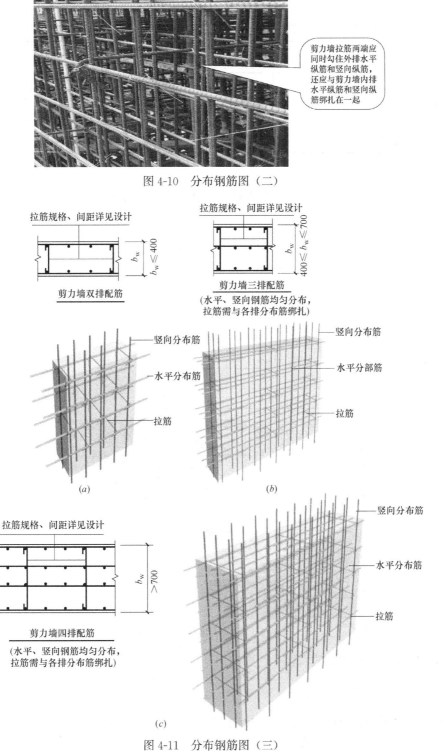

图 4-10 分布钢筋图（二）

图 4-11 分布钢筋图（三）

墙梁编号，墙梁所在所在楼层号，墙梁顶面标高高差，墙梁截面尺寸、上部纵筋、下部纵筋和箍筋都要体现在表中

剪力墙梁列表注写　　　　　　　　　　　　　　　　表 4-5

编号	所在楼层号	梁顶相对标高高差(m)	梁截面 $b \times h$(mm)	上部纵筋	下部纵筋	箍筋
LL1	2～9	0.800	300×2000	4 Φ 22	4 Φ 22	Φ 10@100(2)
	10～16	0.800	250×2000	4 Φ 20	4 Φ 20	Φ 10@100(2)
	屋面 1		250×1200	4 Φ 20	4 Φ 20	Φ 10@100(2)
LL2	3	−1.200	300×2520	4 Φ 22	4 Φ 22	Φ 10@150(2)
	4	−0.900	300×2070	4 Φ 22	4 Φ 22	Φ 10@150(2)
	5～9	−0.900	300×1770	4 Φ 22	4 Φ 22	Φ 10@150(2)
	10～屋面 1	−0.900	250×1770	3 Φ 22	3 Φ 22	Φ 10@150(2)

（2）剪力墙梁编号

墙梁编号由墙梁类型代号和序号组成，表达形式应符合表 4-6 的规定。墙梁工程实例如图 4-12 所示。

剪力墙柱编号　　　　　表 4-6

墙梁类型	代号	序号
连梁	LL	xx
连梁(对角暗撑配筋)	LL(JC)	xx
连梁(交叉斜筋配筋)	LL(JX)	xx
连梁(集中对角斜筋配筋)	LL(DX)	xx
连梁(跨高比不小于 5)	LLk	xx
暗梁	AL	xx
边框梁	BKL	xx

在具体工程中，当一些墙身需设置暗梁或边框梁时，宜在剪墙平法施工图中绘制暗梁或边框梁的平面布置图并编号，以确定具体位置

图 4-12　剪力墙梁工程实例

（3）剪力墙梁中表达的内容

1）注写墙梁编号。

2）注写墙梁所在楼层号。

3）注写墙梁顶面标高高差，指相对于墙梁所在结构层楼面标高的高差值。高于者为正值，低于者为负值，当无高差时不注。

4）注写墙梁截面尺寸 $b \times h$，上部纵筋、下部纵筋和箍筋的具体数值。

5）当连梁设有对角暗撑时［代号为 LL(JC)××］，注写暗撑截面尺寸（箍筋外皮尺寸）；注写一根暗撑的全部纵筋，并标注×2 表明有两根暗撑相互交叉；注写暗撑箍筋的具体数值。

暗撑截面尺寸按构造确定，并按标准构造详图施工，设计不注；当设计者采用与该构造详图不同的做法时，应另行注明。

6）当连梁设有交叉斜筋时［代号为 LL(JX)××］，注写连梁一侧对角斜筋的配筋值，并标注×2 表明对称设置；注写对角斜筋在连梁端部设置拉筋根数、强度级别及直径，并标注×4 表示四个角都设置；注写连梁一侧折线筋配筋值，并注写×2 表明对称设置。

7）墙梁侧面纵筋的配置。当墙身水平分布钢筋满足连梁、暗梁及框梁的梁侧面纵向构造钢筋的要求时，该筋配置同墙身水平分布钢筋，表中不注，施工按标准构造详图的要求即可；当不满足时，应在表中注明梁侧面纵筋的具体数值。

在"……具体数值。"后面增加当为 LLK 时，平面注写方式以大写字母"N"打头。梁侧面纵向钢筋在支座内锚固要求同连梁中受力钢筋。

4.1.3 截面注写方式

原位注写方式，在分标准层绘制的剪力墙平面布置图上，以直接在墙柱、墙身、墙梁上注写截面尺寸和配筋具体数值的方式来表达剪力墙平法施工图。

1. 墙柱截面注写方式

墙柱截面注写方式如图 4-13 所示。

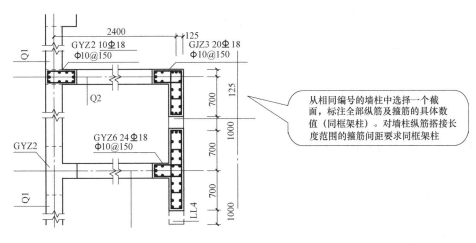

图 4-13 剪力墙柱截面注写

2. 墙身截面注写方式

墙身截面注写方式如图 4-14 所示。

3. 墙梁截面注写方式

墙梁截面注写方式如图 4-15 所示。

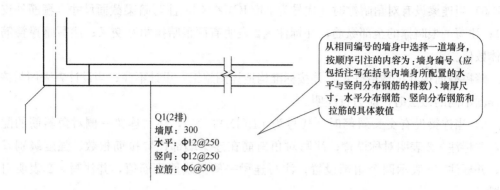

从相同编号的墙身中选择一道墙身，按顺序引注的内容为：墙身编号（应包括注写在括号内墙身所配置的水平与竖向分布钢筋的排数）、墙厚尺寸，水平分布钢筋、竖向分布钢筋和拉筋的具体数值

Q1(2排)
墙厚：300
水平：Φ12@250
竖向：Φ12@250
拉筋：Φ6@500

图 4-14　剪力墙身截面注写

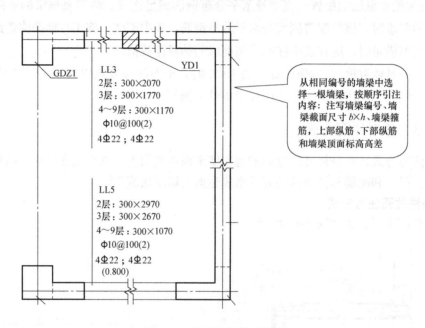

从相同编号的墙梁中选择一根墙梁，按顺序引注内容：注写墙梁编号、墙梁截面尺寸 $b×h$、墙梁箍筋，上部纵筋、下部纵筋和墙梁顶面标高高差

GDZ1

LL3
2层：300×2070
3层：300×1770
4～9层：300×1170
Φ10@100(2)
4Φ22 ; 4Φ22

YD1

LL5
2层：300×2970
3层：300×2670
4～9层：300×1070
Φ10@100(2)
4Φ22 ; 4Φ22
(0.800)

图 4-15　剪力墙梁截面注写

4.1.4　洞口的具体表示方法

1. 洞口示意

在剪力墙平面布置图上绘制洞口示意，并标注洞口中心的平面定位尺寸，如图 4-16 所示。

2. 洞口引注内容

在洞口中心位置引注：洞口编号、洞口几何尺寸、洞口中心相对标高、洞口每边补强钢筋，共四项内容。具体规定如下：

（1）洞口编号：矩形洞口为 JD×× （××为序号），圆形洞口为 Y D×× （××为序号）。

（2）洞口几何尺寸：矩形洞口为洞宽×洞高 $(b×h)$，圆形洞口为洞口直径 D。

（3）洞口中心相对标高：系相对于结构层楼（地）面标高的洞口中心高度。当其高于结构层楼面时为正值，低于结构层楼面时为负值。

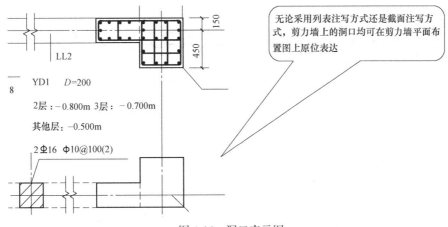

图 4-16 洞口表示图

（4）洞口每边补强钢筋，分以下几种不同情况：

1）当矩形洞口的洞宽、洞高均不大于 800 时，此项注写为洞口每边补强钢筋具体数值。当洞宽、洞高方向补强钢筋不一致时，分别注写洞宽、洞高方向补强钢筋，以"/"分隔。

例 1：JD 3 400×300 ＋3.100，表示 3 号矩形洞口，洞宽 400mm，洞高 300mm，洞口中心距本结构层楼面 3100mm，洞口每边补强钢筋按构造配置。

例 2：JD 4 800×300 ＋3.100 3 Φ 18/3 Φ 14，表示 4 号矩形洞口，洞口宽 800mm、洞口高 300，洞口中心距本结构层楼面 3100mm，洞宽方向补强钢筋为 3 Φ 18，洞高方向补强钢筋为 3 Φ 14。

2）当矩形洞口的洞宽大于 800mm 时，在洞口的上、下需设置补强暗梁，此项注写为洞口上、下每边暗梁的纵筋和箍筋的具体数值（在标准构造详图中，补强暗梁梁高一律定为 400mm，施工时按标准详图取值，设计不注。当设计者采用与该构造详图不同的做法时，应另行注明）；当洞口上、下边为剪力墙连梁时，此项免注；洞口竖向两侧按边缘构件配筋，亦不在此项表达。

例：JD 5 1800×2100 ＋1.800 6 Φ 20 Φ8@150，表示 5 号矩形洞口，洞口宽 1800mm，洞口高 2100mm，洞口中心距本结构层楼面 1800mm，洞口上下设补强暗梁，每边暗梁纵筋为 6 Φ 20，箍筋为Φ8@150。

3）当圆形洞口设置在连梁中部 1/3 范围（且圆洞直径不应大于 1/3 梁高）时，需注写在圆洞上下水平设置的每边补强纵筋与箍筋。

4）当圆形洞口直径大于 300mm，但是不大于 800mm 时，此项注写为洞上下左右每边布置的补强纵筋的具体数字组，以及环向加强钢筋的具体数值。当圆形洞口设置在墙身或暗梁、边框梁位置，且洞直径小于 300mm 时，此项注写为洞口上下左右每边布置的补强纵筋的具体数值。

4.1.5 剪力墙钢筋构造

1. 剪力墙柱钢筋构造

剪力墙柱钢筋构造如图 4-17～图 4-23 所示。

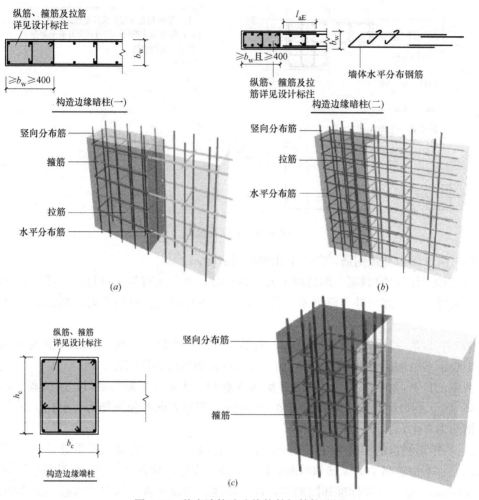

图 4-17 剪力墙构造边缘构件钢筋构造图

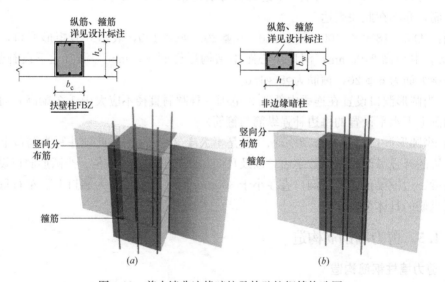

图 4-18 剪力墙非边缘暗柱及扶壁柱钢筋构造图

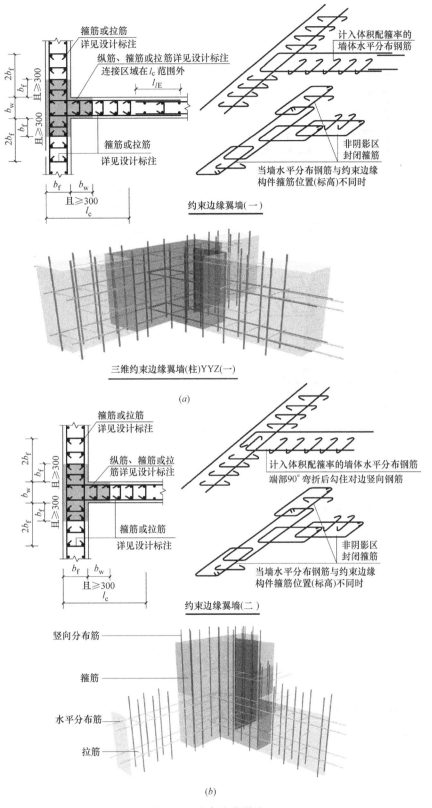

图 4-19 约束边缘翼墙

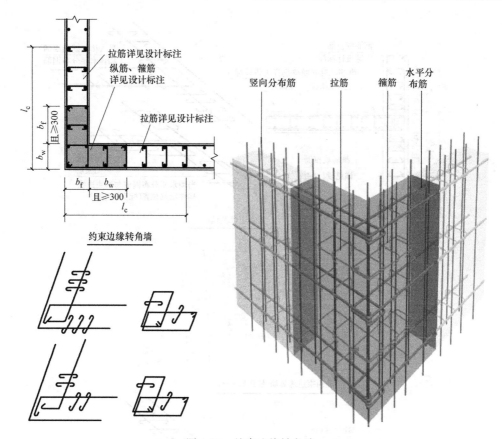

图 4-20　约束边缘转角墙

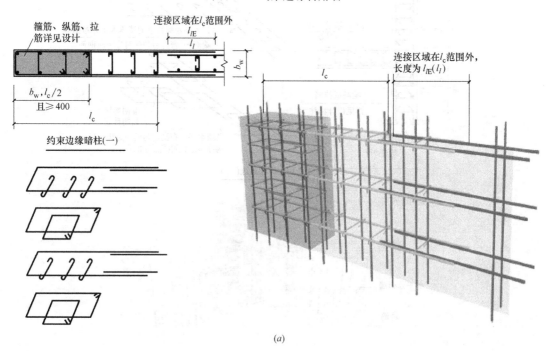

(a)

图 4-21　约束边缘暗柱（一）

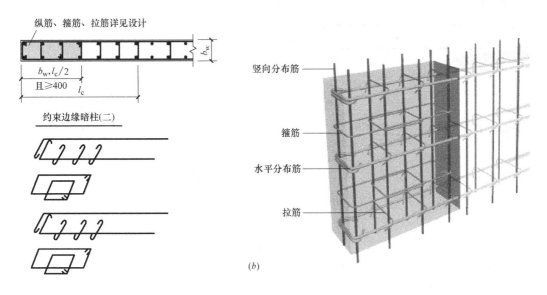

图 4-21 约束边缘暗柱（二）

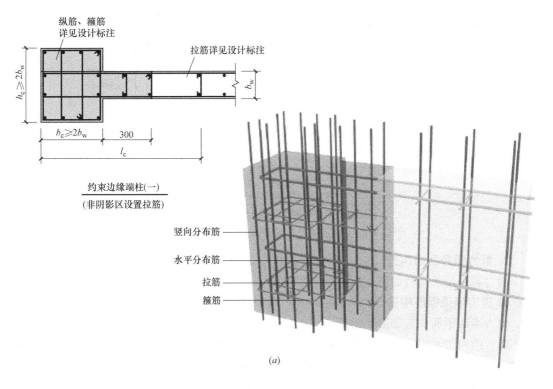

图 4-22 约束边缘端柱（一）

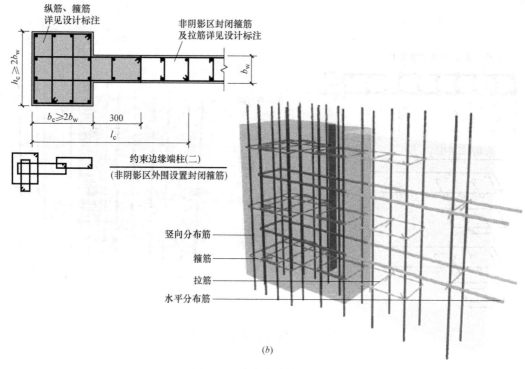

图 4-22　约束边缘端柱（二）

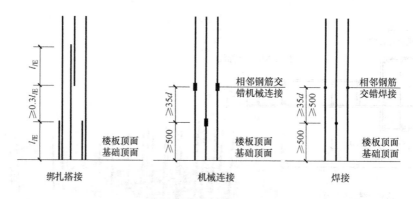

剪力墙边缘构件纵向钢筋连接构造

适用于约束边缘构件阴影部分和构造边缘构件的纵向钢筋

图 4-23　剪力墙边缘构件纵向钢筋连接构造图

2. 剪力墙身钢筋构造

剪力墙身钢筋构造如图 4-24～图 4-29 所示。

3. 剪力墙梁钢筋构造

剪力墙梁钢筋构造如图 4-30 所示。

（1）约束边缘构件阴影部分、构造边缘构件、扶壁柱及非边缘暗柱的纵筋搭接长度范围内，箍筋直径应不小于纵向搭接钢筋最大直径的 0.25 倍，箍筋间距不大于 100。

（2）剪力墙分布钢筋配置若多于两排，水平分布筋宜均匀放置，竖向分布钢筋在保持相同配筋率条件下外排筋直径宜大于内排筋直径。

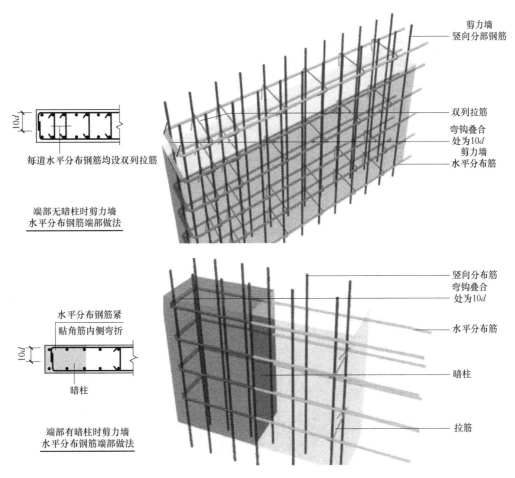

图 4-24　端部有无暗柱时剪力墙水平分布钢筋端部做法

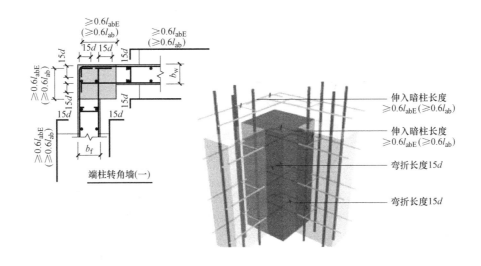

图 4-25　端柱转角墙（一）

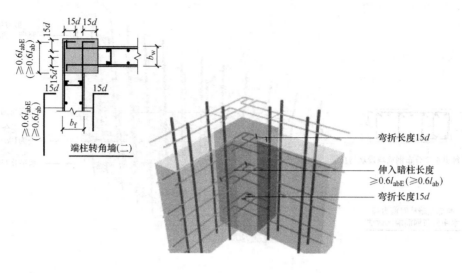

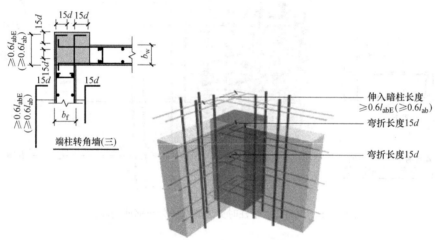

图 4-25　端柱转角墙（二）

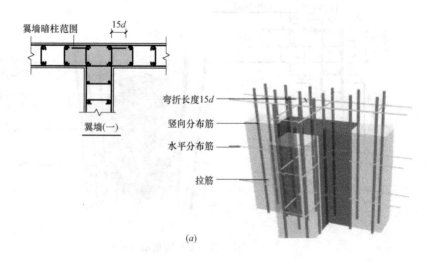

(a)

图 4-26　翼墙（一）

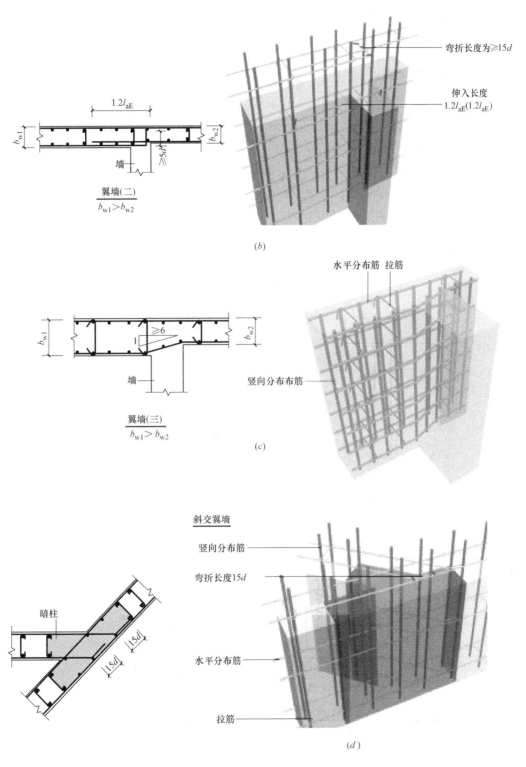

图 4-26　翼墙（二）

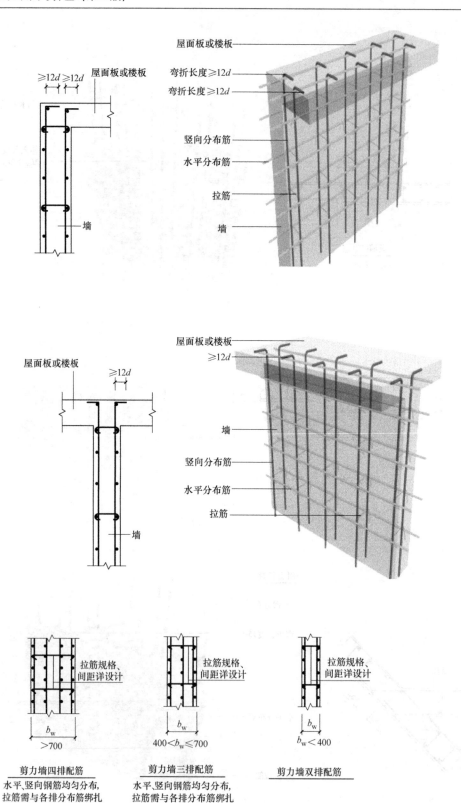

图 4-27　剪力墙竖向钢筋构造图（一）

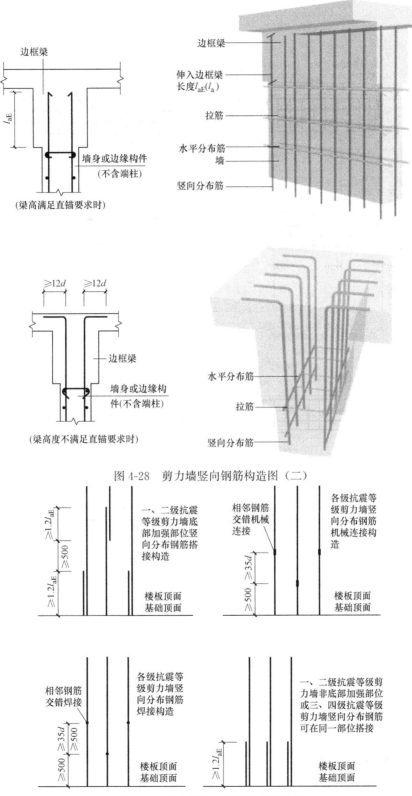

图 4-28　剪力墙竖向钢筋构造图（二）

图 4-29　剪力墙竖向钢筋连接构造图

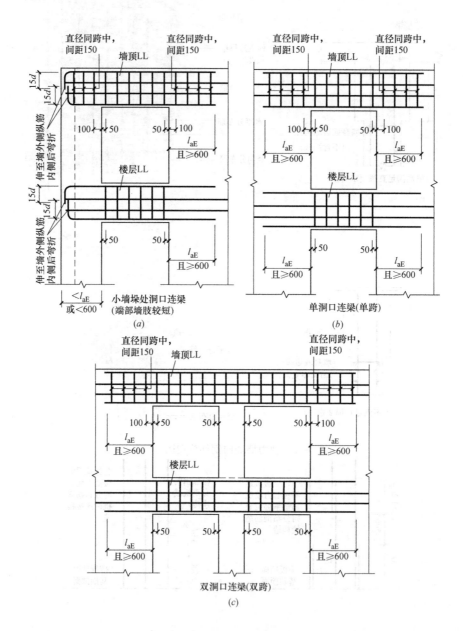

图 4-30　剪力墙梁钢筋构造图

（a）墙端部洞口；（b）单洞口连梁（单跨）；（c）双洞口连梁（双跨）

4.2　墙钢筋计算

剪力墙钢筋构件如图 4-31 所示。

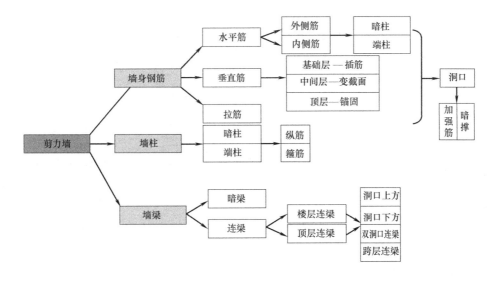

图 4-31　剪力墙钢筋构件

4.2.1　剪力墙构件钢筋计算概述

墙构件钢筋计算的知识体系可以这样来分析，首先，分析墙的构成体系；其次，分析墙构件当中都有哪些钢筋；再次，这些钢筋在实际工程中会遇到哪些情况，如图 4-32、图 4-33 所示。

4.2.2　剪力墙钢筋计算精讲

墙身钢筋如图 4-34 所示。

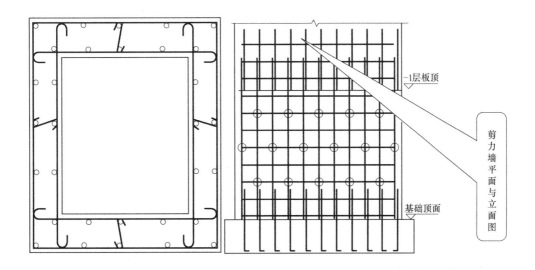

图 4-32　剪力墙平面图及立面图

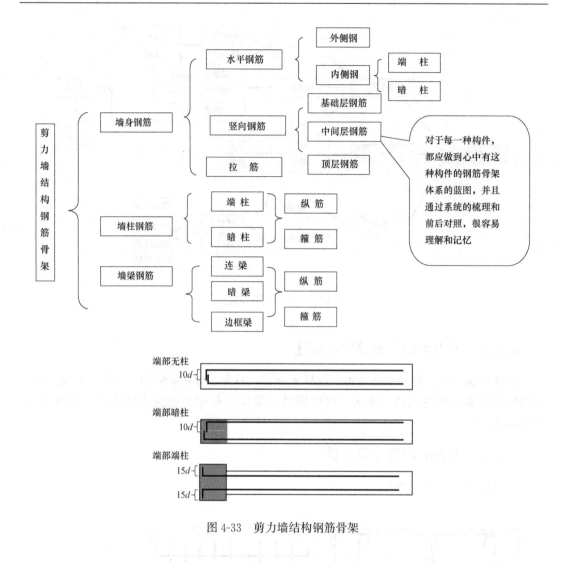

图 4-33　剪力墙结构钢筋骨架

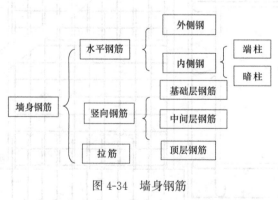

图 4-34　墙身钢筋

1. 剪力墙身钢筋计算

（1）内侧水平钢筋长度计算，以锚入暗柱情况为例，如图 4-35 所示，计算条件见表 4-7 所列。

内侧水平钢筋长度计算条件 表 4-7

混凝土强度	墙混凝土保护层(mm)	抗震等级	定尺长度(mm)	连接方式	l_{aE}/l_{lE}
C30	15	一级抗震	9000	对焊	$34d/48d$

墙身内侧钢筋如图 4-35 所示。

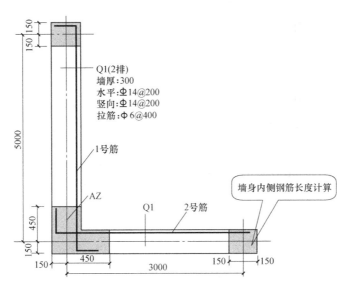

图 4-35 剪力墙平法施工图（一）

根据图 4-35，计算公式如下：

1 号筋长度＝墙长－保护层厚度＋弯折 $15d$＝5000＋2×150－2×15＋2×15×14＝5690mm

2 号筋长度＝墙长－保护层厚度＋弯折 $15d$＝3000＋2×150－2×15＋2×15×14＝3690mm

（2）墙身外侧水平钢筋长度计算，以转角连续通过情况为例，如图 4-28 所示，计算条件见表 4-8 所列。

墙身外侧水平钢筋长度计算条件 表 4-8

混凝土强度	墙混凝土保护层(mm)	抗震等级	定尺长度(mm)	连接方式	l_{aE}/l_{lE}
C30	15	一级抗震	9000	对焊	$34d/48d$

墙身外侧钢筋如图 4-36 所示。

根据图 4-36，计算公式如下：

1 号筋长度＝墙长－保护层厚度＋弯折 $15d$＝（5000＋2×150－2×15）＋（3000＋2×150－2×15）＋2×15×14＝8960mm

（3）墙身竖向钢筋长度计算，以无变截面为例，如图 4-37 所示，计算条件见表 4-9 所列。

墙身竖向钢筋长度计算条件 表 4-9

混凝土强度	墙混凝土保护层(mm)	抗震等级	定尺长度(mm)	连接方式	l_{aE}/l_{lE}
C30	15	一级抗震	9000	对焊	$34d/48d$

竖向钢筋：Φ16@200，墙厚 300mm。

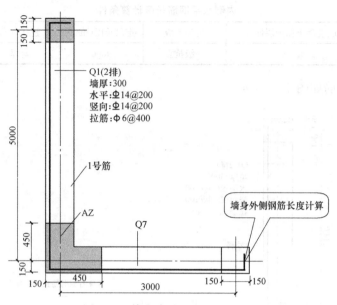

图 4-36　剪力墙平法施工图（二）

墙身竖向钢筋如图 4-37 所示。

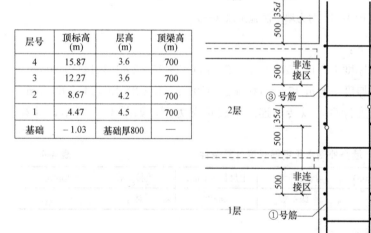

层号	顶标高 (m)	层高 (m)	顶梁高 (m)
4	15.87	3.6	700
3	12.27	3.6	700
2	8.67	4.2	700
1	4.47	4.5	700
基础	−1.03	基础厚800	—

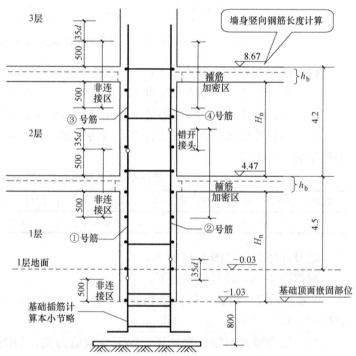

图 4-37　剪力墙平法施工图（三）

根据图 4-38，计算公式如下：

1 号筋长度＝层高－基础顶面非连接区高度＋伸入上层非连接区高度（首层从基础顶面算起）＝4500＋1000－500＋500＝5500mm

2 号筋长度＝层高－基础顶面非连接区高度＋伸入上层非连接区高度（首层从基础顶

面算起)=4500＋1000－500－35d＋500＋35d＝5500mm

3号筋长度＝层高－本层非连接区高度＋伸入上层非连接区高度＝4200－500＋500＝4200mm

4号筋长度＝层高－本层非连接区高度＋伸入上层非连接区高度＝4200－500－35d＋500＋35d＝4200mm

（4）墙身拉结钢筋长度计算，如图4-39所示，计算条件见表4-10所列。

墙身拉结钢筋长度计算条件   表4-10

混凝土强度	墙混凝土保护层(mm)	抗震等级	定尺长度(mm)	连接方式	l_{aE}/l_{lE}
C30	15	一级抗震	9000	对焊	34d/48d

水平筋：Φ14@200；竖向钢筋：Φ14@200；拉筋Φ6@400×400；墙厚300mm。

墙身拉筋如图4-38所示。

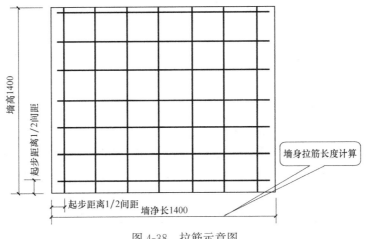

图4-38 拉筋示意图

根据图4-38，计算公式如下：

水平根数＝(1400－200)/400＋1＝4

竖向根数＝(1400－200)/400＋1＝4

总根数＝4×4＝16

2. 剪力墙柱钢筋计算

（1）以条基、筏板基础为例，墙柱弯折长度取值规则：

1）插筋保护层厚度＞5d

基础厚度 H_j＞$l_{aE}(l_a)$ 时，墙柱纵筋采用直锚，墙身采用弯锚，锚固长度为 max(6d，150)，墙身钢筋隔二弯锚一个，其余采用直锚。

基础厚度 H_j≤$l_{aE}(l_a)$ 时，柱子纵筋锚固长度为15d。

2）插筋保护层厚度≤5d

基础厚度 H_j＞$l_{aE}(l_a)$ 时，墙柱纵筋采用直锚。墙身采用弯锚，锚固长度为 max(6d，150)。

基础厚度 H_j≤$l_{aE}(l_a)$ 时，柱子纵筋锚固长度为15d。

（2）以条基、筏基的插筋为例，容许竖向直锚深度≥l_{aE}，计算条件见表4-11所列。

混凝土强度	墙混凝土保护层(mm)	抗震等级	定尺长度(mm)	连接方式	l_{aE}/l_{lE}
C30	40	一级抗震	9000	对焊	$34d/48d$

墙插筋长度计算条件　　　　　　　表 4-11

墙插筋如图 4-39 所示。

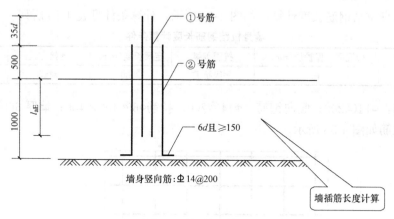

图 4-39　插筋计算图

根据图 4-39，计算过程如下：

基础内锚固方式判断：（容许竖向直锚深度＝$1000-40$）＞（$l_{aE}=34\times14=476$），因此，部分钢筋可直锚，阳角钢筋插至基础底部并弯折，除阳角外的其他钢筋直锚。

1 号筋长度＝基础内长度＋伸出基础顶面非连接区高度＋错开连接长度＝$(34\times14)+$
$(500+35\times14)=1466$mm

2 号筋长度＝基础内长度＋伸出基础顶面非连接区高度＝$[1000-40+\max(6d,150)]+$
$500=1610$mm

3. 剪力墙梁钢筋计算

以单洞口连梁（中间层）为例，计算条件见表 4-12 所列。

连梁钢筋长度计算条件　　　　　　　表 4-12

混凝土强度	墙混凝土保护层(mm)	抗震等级	定尺长度(mm)	连接方式	l_{aE}/l_{lE}
C30	15	一级抗震	9000	对焊	$34d/48d$

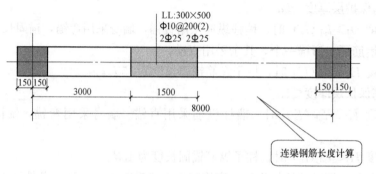

图 4-40　钢筋计算图

根据图 4-40，计算过程如下：

上下部纵筋＝净长＋两端锚固＝1500＋2×max(l_{aE}，600)＝1500＋2×max(34×25，600)＝3200mm

箍筋长度＝2×[(300－2×15－10)＋(500－2×15－10)]＋2×11.9×10＝1678mm

箍筋根数＝(1500－2×50)/200＋1＝8 根

4.3　剪力墙钢筋计算规则总结

4.3.1　剪力墙墙身钢筋计算规则

1. 剪力墙墙身水平钢筋

(1) 墙端为暗柱时

1) 外侧钢筋连续通过

外侧钢筋长度＝墙长－保护层

内侧钢筋＝墙长－保护层＋弯折

2) 外侧钢筋不连续通过

外侧钢筋长度＝墙长－保护层＋0.65l_{aE}

内侧钢筋长度＝墙长－保护层＋弯折

水平钢筋根数＝层高/间距＋1(暗梁、连梁墙身水平筋照设)

(2) 墙端为端柱时

1) 外侧钢筋连续通过

外侧钢筋长度＝墙长－保护层

内侧钢筋＝墙净长＋锚固长度(弯锚、直锚)

2) 外侧钢筋不连续通过

外侧钢筋长度＝墙长－保护层＋0.65l_{aE}

内侧钢筋长度＝墙净长＋锚固长度(弯锚、直锚)

水平钢筋根数＝层高/间距＋1(暗梁、连梁墙身水平筋照设)

注意：如果剪力墙存在多排垂直筋和水平钢筋时，其中间水平钢筋在拐角处的锚固措施同该墙的内侧水平筋的锚固构造。

(3) 剪力墙墙身有洞口时

当剪力墙墙身有洞口时，墙身水平筋在洞口左右两边截断，分别向下弯折 15d。

2. 剪力墙墙身竖向钢筋

(1) 首层墙身纵筋长度＝基础插筋＋首层层高＋伸入上层的搭接长度

(2) 中间层墙身纵筋长度＝本层层高＋伸入上层的搭接长度

(3) 顶层墙身纵筋长度＝层净高＋顶层锚固长度

墙身竖向钢筋根数＝墙净长/间距＋1(墙身竖向钢筋从暗柱、端柱边 50mm 开始布置)

(4) 剪力墙墙身有洞口时，墙身竖向筋在洞口上下两边截断，分别横向弯折 15d。

3. 墙身拉筋

(1) 长度＝墙厚－保护层＋弯钩(弯钩长度＝11.9＋2×D)

（2）根数＝墙净面积/拉筋的布置面积

注：墙净面积是指要扣除暗（端）柱、暗（连）梁，即墙面积—门洞总面积—暗柱剖面积 — 暗梁面积；

拉筋的面筋面积是指其横向间距×竖向间距。

4.3.2 剪力墙墙柱

1. 纵筋

（1）首层墙柱纵筋长度＝基础插筋＋首层层高＋伸入上层的搭接长度

（2）中间层墙柱纵筋长度＝本层层高＋伸入上层的搭接长度

（3）顶层墙柱纵筋长度＝层净高＋顶层锚固长度

注意：如果是端柱，顶层锚固要区分边、中、角柱，要区分外侧钢筋和内侧钢筋。因为端柱可以看作是框架柱，所以其锚固也同框架柱相同。

2. 箍筋

依据设计图纸自由组合计算。

4.3.3 剪力墙墙梁

1. 连梁

（1）受力主筋

$$顶层连梁主筋长度＝洞口宽度＋左右两边锚固值 \, l_{aE}$$

$$中间层连梁纵筋长度＝洞口宽度＋左右两边锚固值 \, l_{aE}$$

（2）箍筋

顶层连梁，纵筋长度范围内均布置箍筋。

即 $\quad N＝(l_{aE}－100/150＋1)×2＋(洞口宽－50×2)/间距＋1(顶层)$

中间层连梁，洞口范围内布置箍筋，洞口两边再各加一根。

$$即 \, N＝(洞口宽－50×2)/间距＋1(中间层)$$

2. 暗梁

（1）主筋长度＝暗梁净长＋锚固（图 4-41）

（2）箍筋

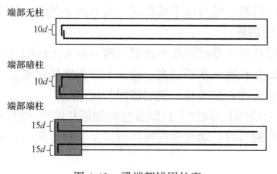

图 4-41 梁端部锚固长度

3. 板（图 4-42）

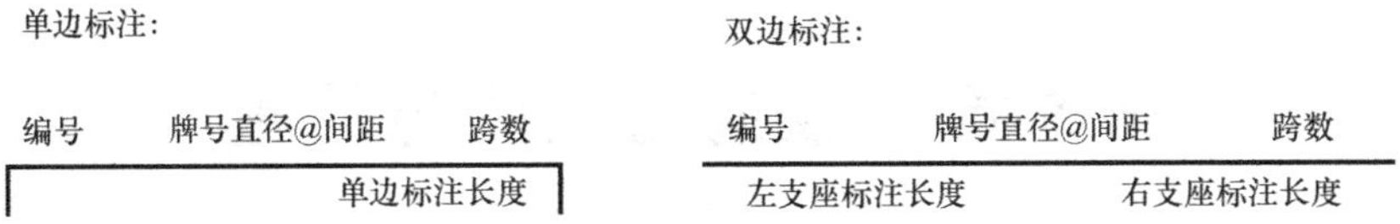

单边标注：　　　　　　　　　　　　　　双边标注：

编号	牌号直径@间距	跨数
	单边标注长度	

编号	牌号直径@间距	跨数
左支座标注长度		右支座标注长度

图 4-42　板的标注

第5章 板钢筋识图与算量

5.1 板钢筋识图

5.1.1 板构件钢筋组成及板构件平法施工图的表示方法

板构件组成如图 5-1 所示。

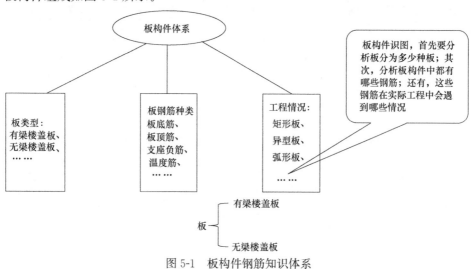

图 5-1 板构件钢筋知识体系

（1）有梁楼盖板，板平面注写主要包括板块集中标注和板支座原位标注，如图 5-2 所示。有梁楼盖板包括：楼面板（LB）、屋面板（WB）、悬挑板（XB）。

图 5-2 有梁楼盖板

106

（2）无梁楼盖板，板平面注写主要有板带集中标注、板带支座原位标注，如图 5-3 所示。无梁楼盖板包括：柱上板带（ZSB）、跨中板带（KZB）。

无梁楼盖板

图 5-3　无梁楼盖板

为方便设计表达和施工识图，规定结构平面的坐标方向为：

（1）当两向轴网正交布置时，图面从左至右为 X 向，从下至上为 Y 向。

（2）当轴网转折时，局部坐标方向顺轴网转折角度做相应转折。

当轴网向心布置时，切向为 X 向，径向为 Y 向。

此外，对于平面布置比较复杂的区域，如轴网转折交界区域、向心布置的核心区域等，其平面坐标方向应由设计者另行规定，并在图上明确表示。

5.1.2　有梁楼盖板平法识图

1. 板块集中标注

（1）板块编号

板块编号按表 5-1 的规定。

所有板块应逐一编号，相同编号的板块可择其一做集标注，其他仅注写置于圆圈内的板编号，以及当板面标高不同时的标高高差

同一编号板块的类型、板厚和贯通纵筋应相同，但板面标高、跨度、平面形状以及板支座上部非贯通纵筋可以不同

板块编号表　　　　　　　表 5-1

板类型	代号	序号
楼面板	LB	xx
屋面板	WB	xx
悬挑板	XB	xx

（2）板厚注写 $h=xx$（为垂直于板面的厚度）；当悬挑板的端部改变截面厚度时，用斜线分隔根部与端部的高度值，注写为 $h=xx/xx$，如图 5-4 所示。当设计已在总说明或者图纸其他位置统一注明板的厚度，板厚为该板厚。

（3）贯通纵筋按板块的下部和上部分别注写（当板块上部不设贯通纵筋时则不注），并以 B 代表下部，以 T 代表上部，B&T 代表下部与上部；X 向贯通纵筋以 X 打头，Y 向纵筋以 Y 打头，两向贯通纵筋配置相同时则以 X&Y 打头，如图 5-4 板块集中标注图、图 5-5 双层双向板钢筋图所示。

（4）板面标高高差，系指相对于结构层楼面标高的高差，应将其注写在括号内，且有高差则注，无高差不注，如图 5-4 所示。

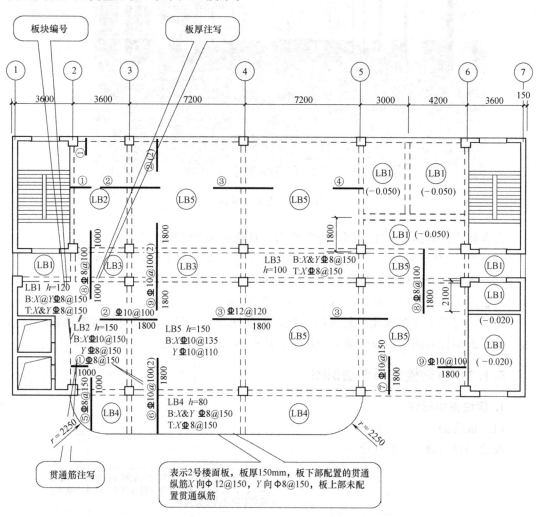

图 5-4　板块集中标注图

2. 板块支座原位标注

板支座原位标注的内容为：板支座上部非贯通纵筋和悬挑板上部受力钢筋。

当中间支座上部非贯通纵筋向支座两侧对称伸出时，可仅在支座一侧线段下方标注伸长长度，另外一侧不标注。

双层双向板钢筋
(板上下两层，
X、Y 双向)

图 5-5　双层双向板钢筋图

当中间支座上部非贯通纵筋向支座两侧非对称伸出时，在支座两侧线段下方均标注伸长长度。

板支座上部非贯通纵筋标注如图 5-6 所示。

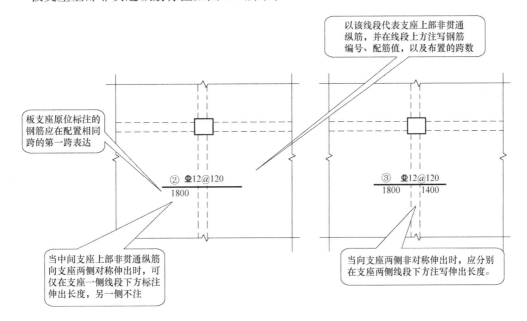

以该线段代表支座上部非贯通纵筋，并在线段上方注写钢筋编号、配筋值，以及布置的跨数

板支座原位标注的钢筋应在配置相同跨的第一跨表达

② Φ12@120
1800

③ Φ12@120
1800　1400

当中间支座上部非贯通纵筋向支座两侧对称伸出时，可仅在支座一侧线段下方标注伸出长度，另一侧不注

当向支座两侧非对称伸出时，应分别在支座两侧线段下方注写伸出长度

图 5-6　板支座上部非贯通纵筋标注

（××）为横向布置的跨数，（××A）为横向布置的跨数及一端的悬挑梁部位，（××B）为横向布置的跨数及两端的悬挑梁部位。板支座上部非贯通筋自支座中线向跨内伸长长度，并注写在线段下方。

当中间支座上部非贯通纵筋向支座两侧对称伸出时，可仅在支座一侧线段下方标注伸出长度，另一侧不标注。

当向支座两侧非对称伸出时，支座两侧线段下面均有注写伸出长度。

悬挑板上部受力钢筋标注如图 5-7 所示。

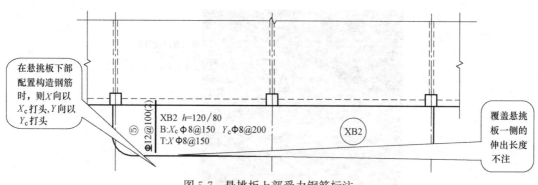

图 5-7　悬挑板上部受力钢筋标注

在悬挑板下部配置构造钢筋时，则 X 向以 X_c 打头，Y 向以 Y_c 打头

覆盖悬挑板一侧的伸出长度不注

XB2　$h=120/80$
B:$X_c \Phi 8@150$　$Y_c \Phi 8@200$
T:$X \Phi 8@150$

⑤
$\Phi 12@100(2)$

XB2

5.1.3　无梁楼盖板平法识图

无梁楼盖板平法系在楼面板和屋面板布置图上，采用平面注写的表达方式。注写方式分为板带集中注写标注、板带支座原位标注两部分。

集中标注在板带贯通纵筋配置相同跨的第一跨注写（X 向为左端跨，Y 向为下端跨），相同编号的板选择其一标注，其他仅注写板带编号。

1. 板带集中标注

（1）板带编号

板带编号按表 5-2 的规定。

集中标注应在板带贯通纵筋配置相同跨的第一跨（X 向为左端跨，Y 向为下端跨）注写，相同编号的板带择其一标注

跨数按柱网轴线计算（两相邻柱轴线之间为一跨），(xxA) 为一端有悬挑，(xxB) 为两端有悬挑，悬挑不计入跨数

板带编号表　表 5-2

板类型	代号	跨数及有无悬挑
柱上板带	ZSB	(xx)、(xxA) 或 (xxB)
跨中板带	KZB	(xx)、(xxA) 或 (xxB)

（2）板带厚注写为 $h=$xxx，板带宽注写为 $b=$xxx。当无梁楼盖整体厚度和板带宽度已在图中注明时，此项可不注，如图 5-8 所示。

例：设有一板带注写：ZSB2（4A）$h=200$，$b=3000$

B♯16@100　T♯18@150

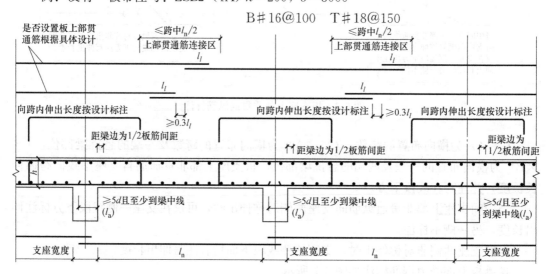

是否设置板上部贯通筋根据具体设计

≤跨中 $l_n/2$
上部贯通筋连接区

≤跨中 $l_n/2$
上部贯通筋连接区

l_l

向跨内伸出长度按设计标注

距梁边为1/2板筋间距

≥$0.3l_l$

≥$5d$ 且至少到梁中线 (l_a)

支座宽度

l_n

图 5-8　板的平法标注

该平法标注表示 2 号柱上板带，有 4 跨且有一段是悬挑的；板带厚度为 200，宽为 3000；板带配置贯通纵筋下部为直径 16，HRB400 型号、等级为三级钢，间距为 100。上部为直径 18，HRB400 型号、等级为三级钢，间距为 150。如图 5-8 所示。

（3）贯通纵筋按板带下部和板带上部分别注写，并以 B 代表下部，以 T 代表上部，B&T 代表下部与上部；当采用放射配筋时，设计者应注明配筋间距的度量位置，必要时补绘配筋平面图，如图 5-9 所示。

（4）板面标高高差，系指相对于结构层楼面标高的高差，应将其注写在括号内，且有高差则注，无高差不注，如图 5-9 所示。

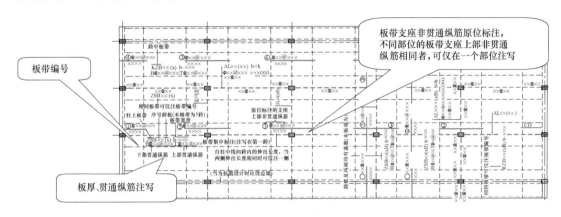

图 5-9　板带集中标注

2. 板带支座原位标注

板带支座原位标注的内容为板带支座上部非贯通纵筋。

（1）以一段与板带同向的中粗实线段代表板带支座上部非贯通纵筋；对柱上板带，实线段贯穿柱上区域绘制；对跨中板带，实线段横贯柱网轴线绘制。在线段上注写钢筋编号、配筋值及在线段的下方注写自支座中线向两侧跨内的伸出长度。

（2）当板带支座非贯通纵筋自支座中线向两侧对称伸出时，其伸出长度可仅在一侧标注；当配置在有悬挑的边柱上时，该筋伸出到悬挑尽端，设计不注。

（3）当支座一侧设置了上部贯通纵筋（在板集中标注中以 T 打头），而在支座另一侧仅设置了上部非贯通纵筋时，如果支座两侧设置的纵筋直径、间距相同，应将二者连通，避免各自在支座上分别锚固。

5.1.4　板配筋构造

（1）有梁楼盖不等跨板上部贯通纵筋连接构造，如图 5-10 所示。

（2）有梁楼盖楼（屋）面板配筋构造，如图 5-11 所示。

（3）板在端部支座的锚固构造，如图 5-12 所示。

（4）悬挑板钢筋构造，如图 5-13 所示。

（5）无支撑板端部封边构造，如图 5-14 所示。

（6）无梁楼盖柱上板带纵向钢筋构造，如图 5-15 所示。

（7）无梁楼盖跨中板带纵向钢筋构造，如图 5-16 所示。

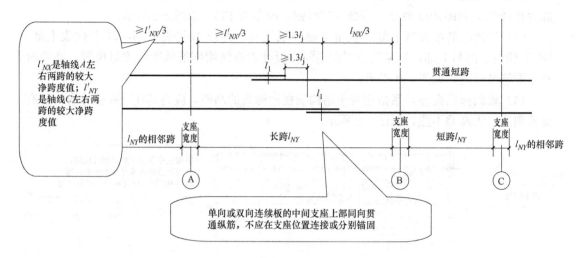

图 5-10　有梁楼盖不等跨板配筋构造

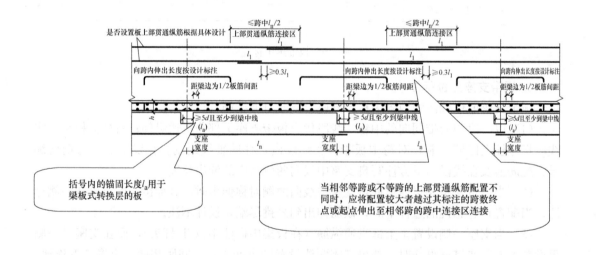

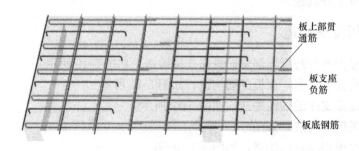

图 5-11　有梁楼盖不等跨板配筋构造

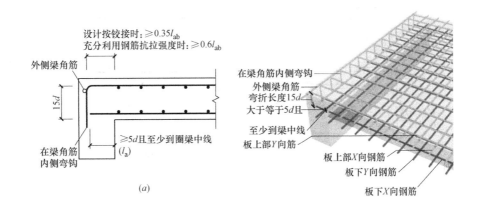

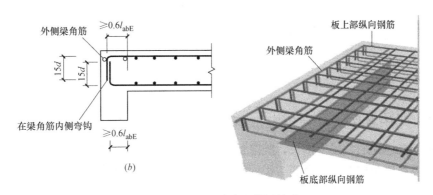

图 5-12　板端支座锚固构造

（a）端部支座为梁；（b）用于梁板式转换层的楼面板

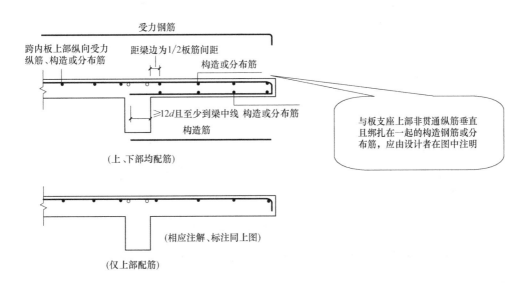

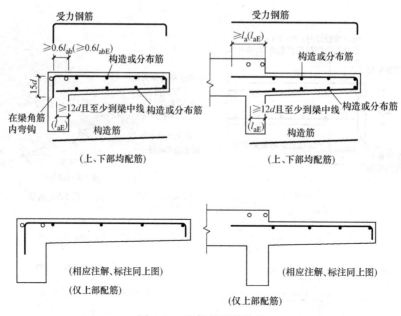

图 5-13　悬挑板钢筋构造

5.1.5　平法要点总结

（1）钢筋能通则通，减少接头，既降低造价又改善节点区钢筋拥挤现象。

（2）节点本体构件的纵向钢筋与横向钢筋（箍筋）连续贯穿节点；节点关联构件纵筋在节点内锚固或封闭。

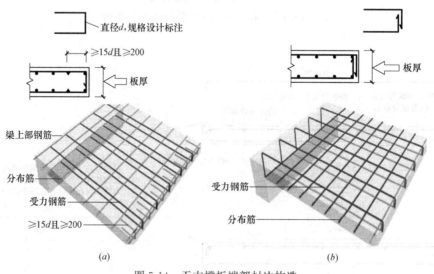

图 5-14　无支撑板端部封边构造

（3）钢筋非接触锚固和搭接，保证对钢筋的全表面包裹，增强混凝土对钢筋的粘结力。

（4）基础设计一般不抗震，但如上部结构抗震，那么伸入基础内的柱墙应按抗震要求配置和计算。

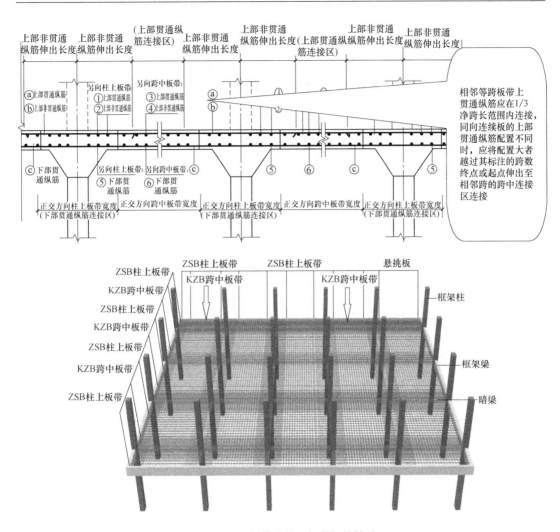

图 5-15　无梁楼盖柱上板带钢筋构造

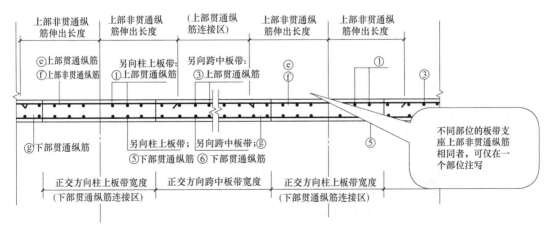

图 5-16　无梁楼盖跨中板带钢筋构造（一）

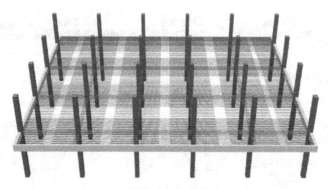

图 5-16 无梁楼盖跨中板带钢筋构造（二）

（5）柱、墙、主梁抗震但次梁和板一般不参与抗震。

（6）与主楼相连的裙房抗震等级不应低于主楼。

（7）同一建筑中不同构件有不同的抗震等级。

5.2 板构件钢筋算量

5.2.1 板钢筋骨架概述

（1）板钢筋骨架见表 5-3 所列。

板钢筋骨架 表 5-3

		板底筋
板钢筋骨架	主要钢筋	板顶筋
		支座负筋
	附加钢筋	温度筋
		角部附加放射筋
		洞口附加筋

（2）板钢筋工程实例，如图 5-17、图 5-18 所示。

图 5-17 板钢筋工程实例（一）

图 5-18　板钢筋工程实例（二）

5.2.2　板底筋钢筋算量

1. 单跨板（梁支座）

（1）计算条件见表 5-4 所列。

板底筋单跨板钢筋算量计算条件　　表 5-4

混凝土强度	梁混凝土保护层厚度（mm）	板混凝土保护层厚度（mm）	抗震等级	定尺长度（mm）	连接方式	l_{aE}/l_{lE}
C30	20	15	一级抗震	9000	对焊	$34d/29d$

（2）平法施工图如图 5-19 所示。

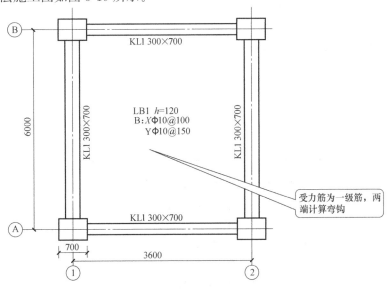

图 5-19　板底筋平法施工图（一）

117

（3）计算过程如图 5-20～图 5-22 所示。

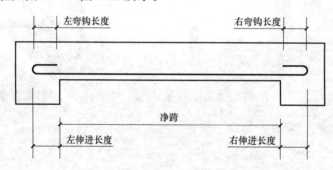

图 5-20　板底筋钢筋长度计算图

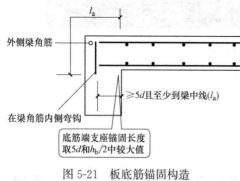

图 5-21　板底筋锚固构造

d 表示钢筋直径；h_b 表示梁宽

X 向底筋钢筋（Φ10@100）计算：

长度＝净长＋端支座锚固长度＋弯钩长度

其中，

端支座锚固长度＝max（$h_b/2$，$5d$）

　　　　　　　　＝max(150，5×10)

　　　　　　　　＝150mm

180°弯钩长度＝$6.25d$

故，总长＝$3600-300+2\times150+2\times$

$6.25\times10=3725$mm

根数＝(钢筋布置范围长度－起步距离)/间距＋1

　　＝$(6000-300-100)/100+1$

　　＝57 根

Y 向底筋钢筋（Φ10@150）计算：

长度＝净长＋端支座锚固长度＋弯钩长度

其中，端支座锚固长度＝$\max(h_b/2，5d)$

　　　　　　　　　　＝max（150，5×10）

　　　　　　　　　　＝150mm

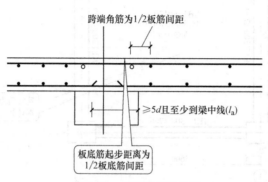

图 5-22　板底筋起步构造

180°弯钩长度＝$6.25d$

故，总长＝6000－300＋2×150＋2×6.25×10＝6125mm

根数＝(钢筋布置范围长度－起步距离)/间距＋1

　　＝(3600－300－2×75)/150＋1

　　＝22 根

2. 多跨板

(1) 计算条件见表 5-5 所列。

<table>
<tr><td colspan="7" style="text-align:center">板底筋多跨板钢筋算量计算条件</td><td>表 5-5</td></tr>
<tr><td>混凝土强度</td><td>梁混凝土保护层厚度(mm)</td><td>板混凝土保护层厚度(mm)</td><td>抗震等级</td><td>定尺长度(mm)</td><td>连接方式</td><td>l_{aE}/l_{lE}</td></tr>
<tr><td>C30</td><td>20</td><td>15</td><td>一级抗震</td><td>9000</td><td>对焊</td><td>34d/29d</td></tr>
</table>

(2) 平法施工图如图 5-23 所示。

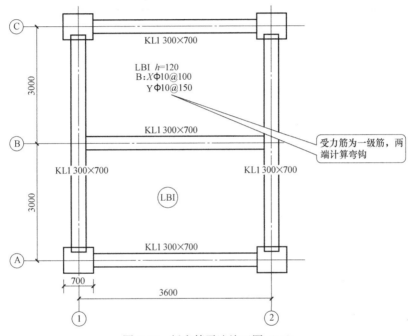

图 5-23　板底筋平法施工图（二）

(3) 本例按分跨锚固，计算过程如图 5-24 所示。

1) Ⓑ～Ⓒ轴

X 向底筋钢筋（Φ10@100）计算：

长度＝净长＋端支座锚固长度＋弯钩长度

其中，端支座锚固长度＝max($h_b/2$，5d)

　　　　　　　　　　＝max(150，5×10)

　　　　　　　　　　＝150mm

180°弯钩长度＝6.25d

故，总长＝3600－300＋2×150＋2×6.25×10＝3725mm

根数＝(钢筋布置范围长度－起步距离)/间距＋1

　　＝(3000－300－100)/100＋1

　　＝27 根

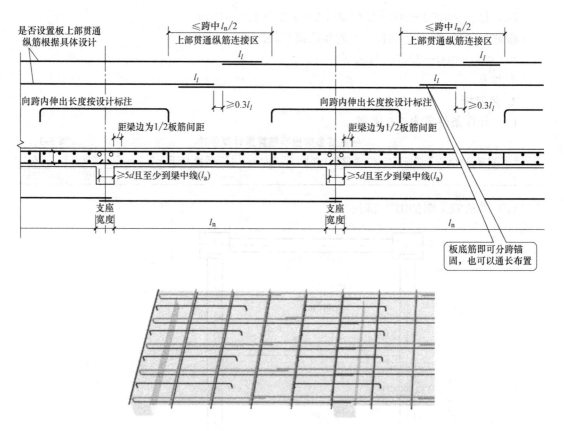

图 5-24　板筋连接构造

Y 向底筋钢筋（$\phi10@150$）计算：

长度＝净长＋端支座锚固长度＋弯钩长度

其中，端支座锚固长度＝$\max(h_b/2, 5d)$

$$=\max(150, 5\times10)$$

$$=150\text{mm}$$

180°弯钩长度＝$6.25d$

故，总长＝$3000-300+2\times150+2\times6.25\times10=3125\text{mm}$

根数＝（钢筋布置范围长度－起步距离）/间距＋1

$$=(3600-300-2\times75)/150+1$$

$$=22\text{根}$$

2）Ⓐ～Ⓑ轴

X 向底筋钢筋（$\phi10@100$）计算：

长度＝净长＋端支座锚固长度＋弯钩长度

其中，端支座锚固长度＝$\max(h_b/2, 5d)$

$$=\max(150, 5\times10)$$

$$=150\text{mm}$$

180°弯钩长度＝$6.25d$

故，总长＝3600－300＋2×150＋2×6.25×10＝3725mm

根数＝(钢筋布置范围长度－起步距离)/间距＋1

　　　＝(3000－300－100)/100＋1

　　　＝27 根

Y 向底筋钢筋（Φ10@150）计算：

长度＝净长＋端支座锚固长度＋弯钩长度

其中，端支座锚固长度＝$\max(h_b/2, 5d)$

　　　　　　　　　　　　＝$\max(150, 5×10)$

　　　　　　　　　　　　＝150mm

180°弯钩长度＝$6.25d$

故，总长＝3000－300＋2×150＋2×6.25×10＝3125mm

根数＝(钢筋布置范围长度－起步距离)/间距＋1

　　　＝(3600－300－2×75)/150＋1

　　　＝22 根

3. 板底筋总结

板底筋总结见表 5-6 所列。

板底筋总结　　　　　　　　　　　　　　　　　　　　　　表 5-6

板底筋计算总结				参考图集	备注
长度	端支座	梁	≥5d，且到支座中心	16G101 第 99 页、 第 100 页	d 是钢筋直径
		剪力墙			
		圈梁			
	中间支座	梁	≥5d，且到支座中心		
		剪力墙			
		圈梁			
	洞口边	伸至洞口边上	$h-2×c+5d$	16G101 第 111 页	c 是保护层厚度
	悬挑板上部筋	悬挑端	伸至边梁锚固	16G101 第 103 页	
		里端	与支座负筋连通		
根数	根数＝(钢筋布置范围长度－起步距离)/间距＋1 板起步距离:1/2 板筋间距				

5.2.3　板顶筋钢筋算量

1. 单跨板

（1）计算条件见表 5-7 所列。

板顶筋单跨板钢筋算量计算条件　　　　　　　　　　　表 5-7

混凝土强度	梁混凝土保护层厚度(mm)	板混凝土保护层厚度(mm)	抗震等级	定尺长度(mm)	连接方式	l_{aE}/l_{lE}
C30	20	15	一级抗震	9000	对焊	34d/29d

（2）平法施工图如图 5-25 所示。

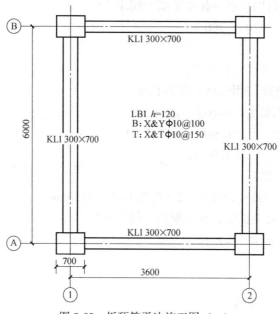

图 5-25 板顶筋平法施工图（一）

（3）计算过程如图 5-26、图 5-27 所示。

X 向顶筋钢筋（Φ10@150）计算：

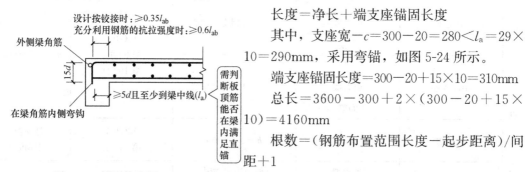

图 5-26 锚固构造图（一）

长度＝净长＋端支座锚固长度

其中，支座宽－c＝300－20＝280＜l_a＝29×10＝290mm，采用弯锚，如图 5-24 所示。

端支座锚固长度＝300－20＋15×10＝310mm

总长＝3600－300＋2×（300－20＋15×10）＝4160mm

根数＝（钢筋布置范围长度－起步距离）/间距＋1

＝（6000－300－2×75）/150＋1

＝38 根

Y 向顶筋钢筋（Φ10@150）计算：

长度＝净长＋端支座锚固长

其中，支座宽－c＝300－20＝280＜l_a＝29×10＝290，采用弯锚。

端支座锚固长度＝300－20＋15×10＝310mm

总长＝6000－300＋2×（300－20＋15×10）＝6560mm

根数＝（钢筋布置范围长度－起步距离）/间距＋1

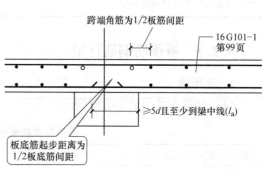

图 5-27 起步构造图（一）

122

$$=(3600-300-2\times75)/150+1$$

$$=22 \text{ 根}$$

2. 多跨板

（1）计算条件见表 5-8 所列。

板顶筋多跨板钢筋算量计算条件　　　　　　　　表 5-8

混凝土强度	梁混凝土保护层厚度(mm)	板混凝土保护层厚度(mm)	抗震等级	定尺长度(mm)	连接方式	l_{aE}/l_{lE}
C30	20	15	一级抗震	9000	对焊	$34d/29d$

（2）平法施工图如图 5-28～图 5-30 所示。

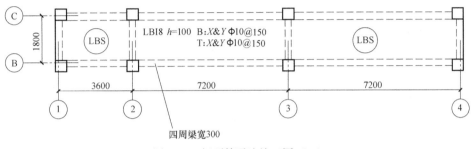

图 5-28　板顶筋平法施工图（二）

（3）计算过程如图 5-29、图 5-30 所示。

X 向顶筋钢筋（$\phi10@150$）计算，3 跨贯通计算：

长度＝净长＋端支座锚固长度

其中，支座宽$-c=300-20=280<l_a=29\times10=290$mm，采用弯锚，如图 5-29 所示。

端支座锚固长度$=300-20+15\times10=310$mm

总长$=3600+2\times7200-300+2\times(300-20+15\times10)=18560$mm

接头个数$=18560/900-1=2$ 个

根数＝（钢筋布置范围长度－两端起步距离）/间距＋1

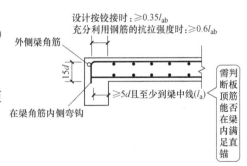

图 5-29　锚固构造图（二）

$$=(1800-300-2\times75)/150+1$$

$$=10 \text{ 根}$$

Y 向顶筋钢筋（$\phi10@150$）计算：

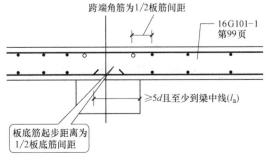

图 5-30　起步构造图（二）

长度＝净长＋端支座锚固长度

其中，支座宽－c＝300－20＝280＜l_a＝29×10＝290mm，采用弯锚。

端支座锚固长度＝300－20＋15×10＝310mm

总长＝1800－300＋2×（300－20＋15×10）＝2360mm

①～②轴根数＝（钢筋布置范围长度－起步距离）/间距＋1

＝（3600－300－2×75）/150＋1

＝22根

②～③轴根数＝（钢筋布置范围长度－起步距离）/间距＋1

＝（7200－300－2×75）/150＋1

＝46根

③～④轴根数＝（钢筋布置范围长度－起步距离）/间距＋1

＝（7200－300－2×75）/150＋1

＝46根

3. 板顶筋总结

板顶筋总结见表5-9所列。

5.2.4 板支座负筋钢筋算量

1. 中间支座负筋

（1）计算条件见表5-10所示。

板顶筋总结表　　　　　　　　　　　　　　　　　　　　　　表5-9

板顶筋计算总结				图集
长度	两端支座锚固	梁	直锚:l_a 弯锚:支座宽－c＋15d	16G101-1 第99页
		剪力墙		
		圈梁		
	连接	跨中 $l_n/2$		
	两邻跨板 顶筋配置不同	配置较大的钢筋穿越其标注的起点或终点， 伸至邻跨至邻跨跨中连接		
	洞口边	$h－2c$		16G101-1 第111页
	悬挑板	板顶筋伸至悬挑远端，下弯		16G101-1 第103页
	支座负筋替代板 顶筋分布筋	双层配筋的板上又配置支座负筋时,支座负筋可替代同行的板顶筋分布筋		
根数	起步距离	1/2 板筋间距		16G101-1 第99页

中间支座负筋钢筋算量计算条件　　　　　　　　　　表5-10

混凝土 强度	梁混凝土保护层厚度 （mm）	板混凝土保护层厚度 （mm）	抗震等级	定尺长度(mm)	连接方式	l_{aE}/l_{lE}
C30	20	15	一级抗震	9000	对焊	34d/29d

（2）平法施工图如图5-31所示。

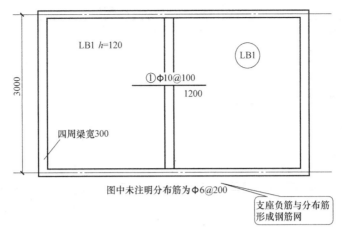

图 5-31　中间支座负筋平法施工图

（3）计算过程如图 5-32 所示。

1 号支座负筋计算：

长度＝平直段长度＋两端弯折

其中，弯折长度＝$h-15\times2=120-30=90$mm

总长＝$2\times1200+2\times90=2580$mm

根数＝（钢筋布置范围长度－两端起步距离）/间距＋1

　　＝$(3000-300-2\times50)/100+1$

　　＝27 根

1 号支座负筋的分布筋计算：

长度＝负筋布置范围＝$3000-300=2700$mm

单侧根数＝$(1200-150)/200+1$

　　　＝6 根

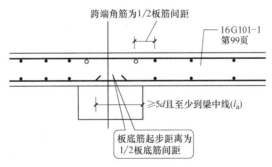

图 5-32　起步构造图（三）

两侧总共 12 根。

2. 端支座负筋

（1）计算条件见表 5-11 所列。

（2）平法施工图如图 5-33 所示。

（3）计算过程如图 5-34 所示。

<table>
<tr><td colspan="8" align="center">端支座负筋钢筋算量计算条件</td><td>表 5-11</td></tr>
<tr><td>混凝土强度</td><td>梁混凝土保护层厚度(mm)</td><td>板混凝土保护层厚度(mm)</td><td>抗震等级</td><td>定尺长度(mm)</td><td>连接方式</td><td>l_{aE}/l_{lE}</td></tr>
<tr><td>C30</td><td>20</td><td>15</td><td>一级抗震</td><td>9000</td><td>对焊</td><td>$34d/29d$</td></tr>
</table>

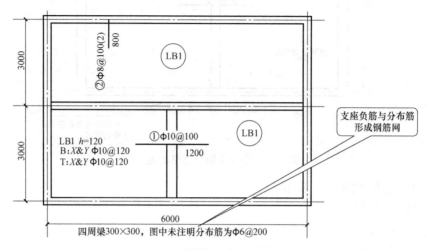

图 5-33　端支座负筋平法施工图

2 号支座负筋计算：

长度＝平直段长度＋两端弯折

其中，弯折长度＝$h-15$ ×2＝120－30＝90mm

总长＝800＋150－20＋15×8＋90＝1140mm

根数＝(钢筋布置范围长度－两端起步距离)/间距＋1

　　＝(6000－300－2×50)/100＋1

　　＝57 根

2 号支座负筋的分布筋计算：

长度＝负筋布置范围＝6000－300＝5700mm

单侧根数＝(800－150)/200＋1

　　＝4 根

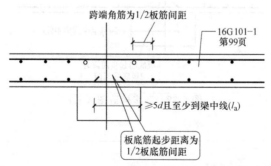

图 5-34　起步构造图（四）

3. 板支座负筋总结

板支座负筋总结见表 5-12 所列。

板支座负筋总结　　　　　　　　　　　　　　　　　　　表 5-12

		板支座负筋计算总结	
长度	基本公式＝延伸长度＋弯折	延伸长度	自支座中心线向跨内的延伸长度
		弯折长度	$h-15×2$
	转角处分布筋扣减	分布筋和与之相交的支座负筋搭接 150mm	
	两侧与不同长度的支座负筋相交	其两侧分布筋分别按各自的相交情况计算	
	丁字相交	支座负筋遇丁字相交不空缺	
	支座负筋替代板顶筋分布筋	双层配筋，又配置支座负筋时，板顶可替代同行的负筋分布筋	
端支座负筋	基本公式＝延伸长度＋弯折	延伸长度	自支座中心线向跨内的延伸长度
		弯折长度	$h-15×2$
跨板支座负筋	跨长＋延伸长度＋弯折